DES ENGRAIS

EN GÉNÉRAL

ET

NOTAMMENT DES FUMIERS.

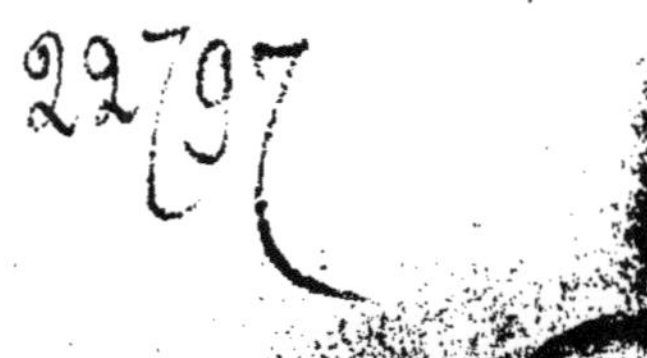

DES ENGRAIS

EN GÉNÉRAL

ET

NOTAMMENT DES FUMIERS.

NOTIONS ÉLÉMENTAIRES

Par L. BARON,

Ancien Cultivateur.

Quod valeo, si valeo, per experimenta.

BOURGES

IMPRIMERIE DE E. PIGELET,

RUE DES ARÈNES, 33.

—

1860.

INTRODUCTION.

En 1840, nous engagions l'une des plus importantes associations agricoles à provoquer, par tous les moyens en son pouvoir, la publication d'un manuel spécial sur les fumiers et, autant que possible, sur les engrais en général.

Plusieurs ouvrages parurent ultérieurement, mais tous étaient rédigés pour des cultivateurs déjà pourvus d'un commencement d'études, et, malgré le mérite incontesté de ces œuvres, il était évident que les démonstrations scientifiques, les déductions analytiques, dont ces livres sont surchargés, n'étaient guère accessibles à l'intelligence de cette classe innombrable de fermiers et de métayers dont les connaissances sont généralement assez restreintes, mais qui pourtant constituent l'immense majorité des producteurs agricoles de l'empire. Ce qu'il importait d'offrir à ces utiles travailleurs, ce qui avait été demandé tant de fois pour eux, c'était un ouvrage essentiellement élémentaire, clair, précis et complet, entièrement dégagé de ces expressions scientifiques, peu intelligibles pour ceux qui n'ont reçu qu'une instruction ordinaire.

Il nous est facile de comprendre aujourd'hui pour quelles raisons personne, jusqu'à ce jour, n'a voulu se charger de cette tâche triplement ingrate. Sans nous être dissimulé aucun des inconvénients qui devaient résulter d'une pareille mission, nous n'avons point hésité à soumettre à plusieurs sociétés d'agriculture le travail que nous devions publier. Quelque flatteurs qu'aient été pour nous les rapports dont il a été l'objet, nous les omettrons pour n'avoir à nous occuper que d'une seule observation faite par plusieurs membres.

On a dit, en parlant des fermiers et des métayers en général :

« Mais ces gens-là sont tellement routiniers, tellement opiniâtres de leur nature, qu'il est parfaitement inutile d'essayer de leur faire modifier leurs mauvaises habitudes ; on n'obtiendra aucun bon résultat. »

Si cette assertion n'est malheureusement que trop vraie pour un petit nombre d'entre eux, il faut avouer qu'on l'a généralisée d'une manière aussi injuste que funeste ; car elle a servi trop souvent de prétexte pour ne rien faire en faveur de ces hommes si éminemment utiles à leur pays.

Quant à nous qui avons fait partie de cette classe laborieuse, qui connaissons très-probablement beaucoup plus d'agriculteurs que ceux qui en parlent avec tant de légèreté, nous devons dire que la persévérance de ces insinuations nous a plus d'une fois blessé profondément, et c'est à cause de cette erreur involontaire ou malveillante que nous avons entrepris cet ouvrage. En admettant (ce que nous contestons) qu'un cinquième des cultivateurs ne voudrait profiter d'aucun conseil, serait-ce là un motif de s'abstenir à l'égard des autres dans une question qu'il est si facile de simplifier et qui est la base des progrès agricoles ? Pouvions-nous oublier qu'une génération nouvelle succèdera bientôt aux agriculteurs actuels ? Faut-il, sous un prétexte futile, laisser à ces jeunes praticiens la faculté de contracter les mauvaises habitudes que nous signalons dans cet ouvrage? Nous pensons que, en présence de ce qui se passe dans nos campagnes, même pendant notre époque dite de progrès, nos efforts sont loin d'être prématurés.

Notre opinion, d'ailleurs, se trouve partagée par les personnes les plus compétentes : ce sont les agronomes les plus expérimentés, les mieux posés dans le monde agricole qui ont le mieux senti l'opportunité, l'urgence même de ce travail, qui nous ont encouragé avec une cordialité chaleureuse dont nous gardons bon souvenir. Trois préfets, les seuls qui aient été consultés sur l'utilité de cette publication, ont immédiatement manifesté le désir d'en pouvoir distribuer un nombre assez considérable d'exemplaires dans leur département.

Ces considérations ne nous permettaient plus d'hésiter à publier cet ouvrage. Nous avons eu soin de le rédiger au point de vue le plus praticable, en tenant compte des ressources assez restreintes de la plupart des cultivateurs et sans nous préoccuper des ornements du style.

CHAPITRE I.

DE LA NATURE DU SOL.

Avant de nous occuper des engrais et des fumiers, nous avons cru devoir appeler l'attention de nos lecteurs sur la qualité et la nature des différents terrains propres à la culture. Dans l'économie agricole, les diverses couches géologiques doivent être l'objet d'un examen approfondi, puisque de leurs variétés dépendent bien souvent les modifications que l'on doit apporter dans les amendements, la fumure et l'ensemencement des terres.

Parmi ces différentes couches géologiques, qui semblent prédestinées à la production des arbres, des plantes granifères et des herbes, on distingue trois espèces principales : les terres argileuses, les terres sableuses et les terres calcaires. Chacune d'elles a dû être primitivement la base de la plus grande partie du sol cultivé ; mais, comme leur degré de fertilité est presque toujours subordonné au mélange qui en a été opéré par la main des hommes, il en résulte qu'on trouve presque partout les trois espèces réunies dans une proportion plus ou moins considérable.

DES TERRES ARGILEUSES.

L'argile pure est un composé de silice, d'alumine et très-souvent d'oxyde de fer. Les terrains essentiellement argileux sont impropres à une foule de cultures. L'herbe, qu'ils produisent en petite quantité, est courte, chétive et peu succulente. Convertis en labour, ces terrains découragent le cultivateur par les difficultés du travail qu'ils nécessitent et par la médiocrité des récoltes qu'ils produisent.

En présence de ces inconvénients, beaucoup de propriétaires ont converti leurs terrains argileux en plantations d'arbres. Les fortes racines des chênes, ormes, hêtres, etc., ont pu pénétrer ce sol dur et compacte ; les pousses annuelles ont montré quelque vigueur, et l'on a pu compter sur une tardive rémunération. D'autres propriétaires, cependant, en réfléchissant sur l'augmentation toujours croissante du prix des terrains, ont préféré faire produire à un sol, quelque ingrat qu'il fût, des récoltes annuelles ; aussi, de nombreuses tentatives ont-elles été faites, depuis trente ans, pour mettre en état de culture des terrains argileux, et nous pouvons affirmer que toutes les fois que ces essais ont été pratiqués avec discernement, ils ont été suivis d'un résultat convenablement rémunérateur.

Quand il s'agit de mettre en culture un terrain argileux, on doit recourir avant tout aux amendements siliceux qui non-seulement le divisent, mais encore l'échauffent et font par la suite disparaître l'humidité inhérente à cette nature de sol, en facilitant la pénétration des rayons solaires et des influences atmosphériques. L'adjonction du sable contribue sans doute à l'amendement de la surface argileuse, mais le sable se mêle tout d'abord assez difficilement à l'argile, et ce n'est guère qu'après l'emploi des calcaires qu'il convient de l'utiliser. Ainsi, avant d'entreprendre le premier labour, l'agriculteur doit faire transporter sur le terrain argileux qu'il veut défricher les amendements calcaires tels que chaux, plâtre, marne, graviers, poussière des routes, et les enfouir ensuite avec toutes les herbes qui couvraient le terrain. La terre ainsi retournée, exposée pendant quelques mois aux rayons du soleil, aux influences électriques, se décompose à la surface, tandis que les plantes ou les herbes introduites sous raie divisent d'abord les molécules terreuses et servent, par leur putréfaction, d'engrais et d'amendement. D'un autre côté, les matières calcaires, la chaux surtout, agissent on ne peut plus favorablement sur la cohésion inhérente aux parties constitutives de l'argile, la rendent plus malléable et facilitent l'opération d'un second labour. Avant d'entreprendre ce second travail, qui ne doit avoir lieu que trois mois après le premier, il faut encore répandre sur le sol tous les amendements qui peuvent le diviser et l'échauffer : des terres essentiellement calcaires, des sables, des pailles sèches ou saturées de purin ; on peut même renouveler le marnage et le chaulage. Trois labours, pratiqués dans de pareilles conditions, suffisent pour préparer le terrain à recevoir les semences ; en sorte que, si la première opération a eu lieu en février ou mars, la terre serait en mesure de recevoir les semailles au mois d'octobre.

Si le cultivateur avait obtenu une demi-indemnité de ses frais dans une première récolte et une entière dans une seconde année, il devrait considérer son entreprise comme très-fructueuse ; car les difficultés du travail s'amoindrissent chaque année, tandis que la qualité du terrain s'améliore par la culture. On ne doit pas perdre de vue, d'ailleurs, que l'argile contient en elle-même des principes de fertilité qui se développent, se modifient par les engrais et les amendements, et devient par la culture de plus en plus propre à la production.

Mais les terrains argileux sont loin d'être tous aussi homogènes dans leur composition que celui que nous venons de supposer. Il convenait au plan que nous nous sommes tracé d'offrir pour exemple un terrain argileux présentant les plus grandes difficultés dans l'exécution des premiers travaux et de démontrer que, même dans cette hypothèse, le cultivateur intelligent trouvait encore de puissants motifs d'encouragement.

DES SOLS SABLEUX.

Les terrains sableux présentent des inconvénients et des avantages diamétralement opposés à ceux des argiles : la culture en est facile et peu dispendieuse ; ils contiennent également des principes de fertilité, mais ils retiennent difficilement assez d'humidité pour les besoins de la végétation. Au printemps ils s'échauffent promptement et deviennent brûlants pendant les fortes chaleurs. C'est surtout dans les contrées froides et humides que ces terrains sont recherchés ; car, à l'aide d'une fraîcheur naturelle ou d'irrigations suffisantes, ils sont propres à toutes les cultures et présentent toujours les plus grandes facilités pour les labours. Tous les fumiers conviennent à ces terres, mais plus spécialement ceux qu'on retire des bouveries, parce qu'ils sont plus aqueux et se conservent plus longtemps frais et humides. L'enfouissement des plantes vertes, au printemps, produit un excellent effet dans ces terres, surtout lorsque, avant le premier labour, on a eu soin de parsemer de plâtre cuit la surface du sol ; huit hectolitres par hectare suffisent ; il y aura eu à la fois engrais et amendement, et l'on pourra compter qu'une bonne récolte en sera le résultat.

Il peut arriver, et il arrive même souvent qu'au-dessous du sable se trouve une couche d'argile ;

il conviendrait alors de défoncer, à l'aide d'une charrue spéciale, cette seconde couche; l'argile, mêlée avec le sable, améliorerait considérablement la qualité du sol en lui donnant plus de consistance et en lui communiquant ses principes fécondants; toutefois, comme l'argile récemment extraite n'aurait point été bonifiée par les influences atmosphériques, il serait nécessaire d'augmenter pendant les premières années la quantité d'engrais ou de stimulants.

Lorsqu'un terrain sableux est cultivé comme prairie, il est avantageux de le planter d'arbres fruitiers : d'abord pour en retirer plus de bénéfices, et ensuite pour protéger les herbes contre les chaleurs excessives et les influences des rayons solaires pendant l'été. Dans le midi de la France, les terrains de cette nature exigent toujours de grands travaux pour obvier à ces inconvénients : on amende les terres sableuses en y mêlant de l'argile et des matières calcaires.

DES SOLS CALCAIRES.

Les sols calcaires sont généralement composés de carbonate de chaux, et lorsqu'ils sont purs de tout mélange, leur couleur est d'un blanc mat et cendré. C'est ordinairement sur le versant des coteaux et parfois dans les plaines qu'on rencontre ces terrains, et la mise en culture, par suite d'un accès difficile, est souvent dispendieuse; mais ils sont riches en phosphates, contiennent de nombreux principes fertilisants, exigent par conséquent moins de fumure que tout autre. On pourrait en constituer un terrain de premier ordre si l'on avait la facilité de les mêler avec de l'argile; ce serait le plus puissant moyen de combattre les effets désastreux de la sécheresse qui, pendant les chaleurs estivales, réduisent à rien des récoltes qui, au printemps, avaient présenté la plus riche végétation. Les fumiers froids, aqueux, conviennent parfaitement à cette nature de terrain.

Le seul moyen de tirer un parti avantageux de ces terres, c'est de les consacrer à la culture des prairies artificielles et notamment du sainfoin, qui prospère généralement dans les terres calcaires. Lorsque le terrain présente des pentes trop rapides et que le transport des engrais et même des récoltes offre des difficultés, on peut encore l'utiliser en y plantant des arbres appropriés à la nature du sol : on cite le merisier des bois, l'aune commun, le noisetier comme réussissant parfaitement.

On ne peut amender les terrains calcaires qu'en y transportant successivement de l'argile, et en y enfouissant des plantes vertes. Ces amendements y sont généralement plus utiles que les engrais qui se consomment trop promptement dans ce sol brûlant.

DE L'HUMUS.

On a donné le nom d'*humus*, ou terreau végétal, au résidu de la décomposition des plantes organiques au contact de l'air. Ce résidu, presque toujours noirâtre, contient en assez grande quantité des principes salins et azotés qui agissent favorablement dans l'acte de la végétation. Aujourd'hui, en parlant d'une terre naturellement riche, ou amendée depuis longtemps par une culture intelligente, on n'hésite plus à dire : « Ce champ contient tant de centimètres de terreau végétal ou d'humus. » Cette définition, un peu hasardée sans doute, est cependant généralement admise ; aussi croyons-nous devoir appeler, à cette occasion, l'attention des cultivateurs sur les phénomènes de l'art ou de la science agricole. Ces vastes plaines que nous voyons surchargées des plus riches moissons, ces terrains dont on admire la composition et qui sont aujourd'hui l'une des principales richesses de l'empire, étaient loin d'être autrefois ce qu'ils sont présentement; ils n'ont présenté tout d'abord qu'une superficie argileuse, ou sableuse, ou calcaire. Rarement, excepté dans les vallées, l'agrégation de deux ou des trois espèces principales favorisa les premiers cultivateurs. C'est donc au travail persévérant de nos ancêtres que nous devons la prospérité de ces plaines fertiles; c'est aux amendements opérés avec discernement, aux engrais successifs que nous sommes redevables de cette superficie végétale, tellement productive que nous nous sommes habitués à la confondre avec l'humus. De pareils résultats ne devraient-ils pas impressionner les détenteurs de terrains en friche?

Quand on considère la cherté progressive des terres amendées; quand d'avance on a la certitude de voir s'amoindrir chaque année les difficultés du travail et augmenter la valeur du terrain par la culture, on s'étonne qu'il y ait encore en France plus de cinq millions d'hectares en friche, qui n'exigent qu'un peu de travail pour être classés parmi les bons terrains de production. Espérons pourtant que les détenteurs de ces terres comprendront qu'il est de leur intérêt d'augmenter progressivement leur patrimoine en défrichant chaque année une partie de leurs terres improductives; ils y trouveraient d'ailleurs une source de richesses pour l'avenir, un titre sérieux d'honneur auprès de leurs contemporains et enfin un excellent exemple à laisser à leurs descendants ; car, il ne faut pas l'oublier, celui qui met en culture des terrains jusqu'alors improductifs rend un important service à la société, et nous partageons complétement l'opinion de ceux qui pensent que le gouvernement impérial, plein de bon vouloir pour l'agriculture, ferait une chose utile en signalant à l'estime publique, en dotant de quelque rémunération ceux qui auraient mis en bon état de culture des terres en friche.

CHAPITRE II.

DES ENGRAIS EN GÉNÉRAL.

On a trop souvent confondu, sous le nom d'engrais, les amendements et les stimulants, pour que nous négligions de préciser, au début de cette importante question, les différences existant entre chacun de ces trois agents qui concourent simultanément à l'amélioration du sol.

DES AMENDEMENTS.

Amender un terrain, c'est corriger les défauts inhérents à sa nature par l'emploi de substances ayant des qualités opposées; c'est le mettre dans le meilleur état possible pour le faire profiter des engrais qu'il doit recevoir. Pour rendre cette définition plus intelligible, nous supposerons qu'il s'agit d'amender un champ d'une nature argileuse : on l'amendera par l'adjonction des calcaires qui le diviseront, le rendront moins plastique et lui communiqueront une certaine chaleur.... On y ajoutera des sables qui le rendront plus léger, moins humide et faciliteront ainsi la pénétration des influences atmosphériques. C'est, selon Thaer, une amélioration physique que l'on procure au sol, réservant ainsi aux engrais et aux stimulants l'amélioration chimique. On amende aussi les champs par l'emploi du balayage des routes, de la vase des mares, par les terres provenant des tourbières ou l'argile brûlée. L'effet des amendements se produit indéfiniment dans le sol, tandis que les engrais et les stimulants n'agissent que pendant une ou deux années.

DES STIMULANTS.

Les stimulants, composés généralement de principes salins ou minéraux, rendent la végétation plus active et facilitent aux plantes l'absorption des sucs nutritifs nécessaires à leur alimentation. Là s'arrête naturellement la puissance des stimulants, s'il s'agit de leur emploi dans les terres destinées aux céréales. La chaux, le plâtre, le sel marin, ne sont en réalité que des stimulants qui ne sauraient dispenser de recourir aux engrais quand il s'agit de plantes granifères ; car les stimulants n'agissent que sur les membranes et les tiges, tandis que les engrais sont les véritables producteurs du grain. Nous devons faire observer toutefois que plusieurs matières peuvent servir à la fois d'engrais, de stimulants et même d'amendements.

DES ENGRAIS.

Tous les débris d'animaux ou de végétaux, dont la décomposition dans la terre peut servir à la nutrition des plantes, sont considérés comme engrais. Le chiffre des matières que l'on peut faire servir à cette destination est considérable ; nous ne nous occuperons que de celles qui se trouvent sous la main des agriculteurs et dont l'efficacité nous a été démontrée par une longue expérience.

CHAPITRE III.

DES FUMIERS.

On appelle fumiers les pailles imprégnées des urines et des excréments d'animaux qui, ayant été mises en tas, ont reçu un commencement de fermentation.

Le fumier est de tous les engrais le plus avantageux, le plus recherché et celui qu'on obtient le plus facilement quand on sait le préparer, le conserver et l'utiliser à propos. Il importe toutefois de bien apprécier les motifs de cette préférence que l'on accorde unanimement à ce genre d'engrais : c'est parce que le fumier contient à la fois de l'azote et des sels alcalins, des matières animales et minérales, des phosphates, des gaz ammoniacaux et des nitrates de soude ; parce qu'il divise la terre par ses membranes pailleuses et la rend accessible à la pénétration des courants électriques ; parce que sa décomposition dans la terre ne s'opère que lentement et, pour ainsi dire, à proportion des besoins des plantes ; parce qu'il se convertit en humus et qu'il contribue ainsi chaque année à l'amélioration physique du sol ; enfin, c'est surtout parce qu'en examinant la nature d'un bon fumier, on y reconnaît trois parties constitutives qui agissent successivement et de la manière la plus favorable aux trois phases principales de la végétation : 1° les urines, dont l'effet est immédiat, mais de peu de durée, favorisent la germination ; 2° les excréments, dont les effets lents, mais continuels, nourrissent la plante pendant sa croissance ; 3° les membranes pailleuses, qui se décomposent lentement, mais dont la putréfaction, effectuée vers le temps de la floraison, produit alors une quantité plus considérable de fluides gazeux au moment le plus opportun, c'est-à-dire lorsque s'opère la granification. Les fumiers sont l'engrais par excellence pour les céréales, comme pour toutes les plantes qui doivent séjourner en terre pendant neuf à dix mois.

Dans son ouvrage sur l'économie rurale, M. Boussingault s'exprime ainsi en parlant des fumiers : « On peut, à la première vue, juger de l'industrie, du degré d'intelligence d'un cultivateur par les soins qu'il donne à son tas de fumier. »

Cette remarque, d'une justesse incontestable, nous a inspiré bien souvent d'affligeantes réflexions. Après avoir parcouru, en observateur, presque tous les départements du centre et de l'est de la France, il nous serait bien difficile de rendre les impressions pénibles que nous avons éprouvées en voyant avec quelle incroyable incurie les fumiers étaient traités par la grande majorité des agriculteurs : les litières, une fois retirées des étables, sont le plus souvent jetées dans un creux où viennent se réunir les eaux pluviales provenant soit de l'égout des toits, soit du terrain plus élevé de la circonférence. Le tout reste exposé aux ardeurs du soleil pendant l'été, aux déprédations des animaux de la basse-cour. Quant au purin, si nécessaire à la bonne confection des fumiers, à l'irrigation des prairies, à la bonification de composts, tout ce qui n'a point été absorbé par l'emplacement de la fumière va se perdre dans quelques fossés, ou salir les mares et les chemins. D'autres, enfin, superposent leurs fumiers les uns sur les autres pendant une année entière, et ne se décident à les employer que lorsque les pailles, tout à fait décomposées, ne forment plus qu'un terreau gluant, connu sous le nom de *beurre noir* dans plusieurs pays, qu'on ne peut enlever qu'à l'aide d'une pelle et éparpiller dans le champ qu'en le déchirant avec les mains. Nous démontrerons ultérieurement que, dans l'un et l'autre cas, en tenant compte de la quantité et de la qualité, le cultivateur a sacrifié ainsi la moitié de ses engrais.

Cette insouciance dans la préparation et la conservation des fumiers, l'état déplorable dans lequel l'agriculture se trouve encore en 1860, surtout chez la plupart des métayers et des petits fermiers, sont d'autant plus incompréhensibles que ces fautes sont commises par ceux-là mêmes qui peuvent le mieux apprécier les avantages qu'ils pourraient retirer d'une toute autre administration, qui ont constamment sous les yeux les résultats de l'influence des engrais sur l'importance des récoltes. Pourraient-ils objecter du moins que les améliorations dans le traitement de leurs fumiers exigeraient des dépenses sérieuses? Non, mille fois non! Quelques précautions et peu de jours de travail suffisent amplement, et, s'il n'en était pas ainsi, les conseils les plus sages, les démonstrations les plus convaincantes n'obtiendraient aucun résultat auprès d'un grand nombre de fermiers dont les ressources sont restreintes, et la routine, si funeste en agriculture surtout, résisterait indéfiniment aux efforts des agronomes les plus distingués. Que les agriculteurs ne s'y trompent pas, s'ils n'ont point assez d'engrais, c'est d'abord qu'ils négligent toutes les occasions d'en faire une plus grande provision, qu'ils ne les recherchent pas avec assez de persistance; c'est aussi parce qu'ils ne savent ou ne veulent savoir ni les préparer, ni les conserver. C'est donc à leur insouciance, à leur apathie qu'ils doivent s'en prendre du peu de fumier qu'ils obtiennent et, comme conséquence toute naturelle, de la médiocrité de leurs récoltes. Il faut bien ajouter aussi à ces causes une certaine prévention contre les méthodes qui ne leur sont pas connues et qu'ils sont trop disposés à confondre avec le charlatanisme des marchands d'engrais concentrés, bien que ces méthodes soient le résultat d'expériences faites par des praticiens comme eux.

CHAPITRE IV.

DES EXCRÊMENTS D'ANIMAUX.

Les excréments ou déjections des animaux constituent la matière la plus importante des fumiers, mais ils n'ont pas tous les mêmes propriétés. En général, il est facile d'apprécier la qualité des excréments par la nature des aliments qu'on donne aux bestiaux : ainsi, les déjections des granivores contiendront toujours plus de matières azotées que celles des herbivores ; de même, tel animal qui, antérieurement, n'aura produit que des fumiers froids et aqueux, pourra en fournir de fort bons par un changement de nourriture. Ce changement si subit dans la valeur intrinsèque nous explique suffisamment l'opinion diverse, souvent opposée, des agronomes sur les propriétés plus ou moins énergiques, plus ou moins durables du fumier de porc, dont les uns estiment la puissance, tandis que d'autres les placent au dernier rang. Enfin, cette différence dans les excréments des animaux, en raison de l'alimentation, se retrouve également dans ceux qui sont produits par les hommes.

DES DÉJECTIONS DES OISEAUX.

De toutes les fientes produites par les volailles, celle des pigeons, appelée *colombine*, est la plus riche en principes azotés. Cette supériorié, reconnue par l'expérience comme par l'analyse, est le résultat de la nourriture toute spéciale des pigeons, qui ne consiste qu'en graines de différentes espèces; tandis que la plupart des autres volailles font une assez grande consommation d'herbes, indépendamment des graines qu'on leur donne. Cet engrais, qu'on n'obtient malheureusement qu'en petite quantité, est réservé pour le jardinage; mais on peut en attendre les meilleurs résultats en l'employant dans la culture des lins, du chanvre ou du colza; il produit également les plus grands effets sur les terrains froids, humides ou argileux.

Les fientes des poules ont moins d'action sur les plantes que celles des pigeons; elles n'en sont pas moins pourvues d'une grande richesse en principes fécondants; elles reçoivent, en culture, la même destination.

Dans beaucoup de fermes, ces deux engrais ne sont pas mieux traités que les fumiers d'étable : les fientes restent superposées pendant une année entière sans qu'on y apporte aucun soin, de telle sorte que les principes ammoniacaux se volatilisent successivement et que les vers, qui se forment dans le tas, en détruisent une partie notable. Il est facile, cependant, de tirer un bien meilleur parti de la colombine et de la poulaitte ; il suffit de nettoyer les pigeonniers ou les poulaillers une fois par mois ; les fientes que l'on retire doivent être déposées sur des couches de terre d'une épaisseur double de la quantité de fiente déposée ; on recouvre immédiatement ce dépôt d'une nouvelle couche de terre, afin que la sublimation des sels d'ammoniaque s'opère au profit des terres adjacentes. On aura ainsi triplé le volume de l'engrais sans en avoir considérablement amoindri les propriétés. D'après un auteur anglais, sir H. Davy, la colombine à l'état frais contient 25 pour 100 de matières solubles dans l'eau, c'est-à-dire ayant des propriétés fertilisantes, tandis que la même quantité de cette fiente putréfiée n'en contient plus que huit parties ; c'est donc une perte de plus des deux tiers que le cultivateur supporte en négligeant d'apporter quelques soins à la conservation de cette riche fumure. Si l'on venait ensuite à analyser le terreau, ou plutôt le compost formé par le mélange de la terre et des fientes, comme nous l'avons mentionné ci-dessus, on retrouverait une quantité d'azote presque égale à celle que l'on obtient des fientes putréfiées, mais on aurait une fumure trois fois plus considérable ; on bonifierait donc un terrain trois fois plus grand.

La fiente des oies, comme celle des canards, est, dit-on, nuisible aux herbes. Nous regrettons de ne pouvoir traiter *sciemment* cette question, n'ayant pas songé à profiter des nombreuses occasions qui nous étaient offertes pendant nos fonctions agricoles; mais nous exprimons le vif désir que quelque agronome, moins occupé que nous, résolve cette question qui a une certaine importance dans un grand nombre de localités, et fasse ainsi disparaître cette lacune regrettable dans les traités agricoles.

CHAPITRE V.

DES EXCRÉMENTS EMPLOYÉS DANS LA CONFECTION DES FUMIERS.

Les principaux producteurs des fumiers de ferme sont les moutons, les chevaux, les porcs et les bêtes à cornes ; mais leurs déjections n'ont pas les mêmes propriétés, et il importe d'en savoir apprécier la différence.

D'abord on distingue deux sortes de fumiers, que l'on désigne ordinairement sous la dénomination de fumiers chauds, ce sont ceux qui proviennent des bergeries et des écuries, et de fumiers froids ou aqueux, tels sont ceux des bouveries ou des étables. Quant aux fumiers de porc, nous croyons devoir les classer comme intermédiaires entre les premiers et les seconds.

DU FUMIER DES BERGERIES.

Le fumier de mouton est le plus chaud et le plus énergique de tous ; ses effets sont sensibles pendant plusieurs années ; il convient surtout aux terrains froids et humides ; sa puissance est considérable pour les plantes oléagineuses. La bonne confection de ces fumiers exige beaucoup de soins : les crottes de mouton, par leur forme sphérique comme par leur nature sèche et compacte, se lient difficilement aux pailles qui les entourent ; on est obligé de les mettre en tas et de les arroser de purin plusieurs fois par mois. Ces crottins, amollis par des irrigations fréquentes, finissent par communiquer aux pailles leurs principes concentrés et constituent ainsi une bonne fumure. Vingt-cinq voitures de 800 kilogrammes l'une d'un fumier de mouton bien préparé, sur un hectare, produiraient une excellente récolte soit en céréales, soit en plantes oléagineuses.

DES DÉJECTIONS DE CHEVAL.

Ces déjections, enfouies à l'état frais, sont très-chaudes et très-énergiques ; elles contiennent près de 3 pour 100 d'azote, et leur effet dans la terre se produit pendant deux ans. Mais il n'est pas toujours possible d'utiliser ces excréments à l'état frais, et, lorsqu'il s'agit de les convertir en fumier, il en résulte souvent une déperdition notable des principes fécondants, si l'on a négligé de prendre quelques précautions indispensables. D'abord, le crottin de cheval, d'une nature dense et sèche, se mélange difficilement avec les litières; d'un autre côté, les urines des chevaux sont moins abondantes que celles des bêtes à cornes, ce qui rend moins facile la possibilité des irrigations fréquentes, qui sont cependant d'une nécessité absolue pour la bonne confection de ces fumiers. Malgré ces difficultés, l'agriculteur pourra se constituer avec ses écuries un fumier de premier ordre, s'il veut apporter quelques soins dans la confection, ou n'obtenir qu'un engrais de médiocre qualité, bien inférieur en poids, en volume à ce qu'il pouvait attendre, si ses soins se sont bornés à un traitement négligé.

Les fumiers d'écurie ne doivent séjourner en tas que le moins de temps possible, quatre mois au plus ; la dose de calorique dont ils sont surchargés provoque une décomposition trop prompte des matières pailleuses ; les sels ammoniacaux se volatilisent ; il en résulte un déchet considérable dans la quantité et dans la puissance habituelle de cet engrais. Nous engagerons les cultivateurs, surtout en ce qui concerne ce fumier, à le plâtrer, à l'arroser fréquemment, et, dans le cas où les urines et le purin seraient insuffisants, à employer de l'eau ordinaire mélangée d'un huitième d'excréments humains. On trouvera plus loin, lorsqu'il s'agira de la confection des fumiers en général, les différents moyens à l'aide desquels on pourra obvier aux inconvénients qui résultent de la densité du crottin et de sa trop grande puissance en calorique.

DES DÉJECTIONS DES BÊTES A CORNES.

Les qualités de ces déjections sont d'une nature toute différente, tout opposée à ce que nous venons de dire à l'occasion des excréments des moutons et des chevaux : elles sont plus abondantes, plus molles, mais moins énergiques et moins azotées; s'infiltrant aisément entre les pailles, elles les couvrent, les absorbent et font corps avec elles sans le secours de la manipulation. Cependant la décomposition des membranes pailleuses est moins prompte, parce que ces déjections sont aqueuses et beaucoup moins chargées de matières organiques à l'état de solubilité.

Le fumier provenant des étables est généralement plus utile que les autres aux terrains sableux ou calcaires; sa nature molle et spongieuse le rend plus propre à retenir l'humidité; il maintient la terre assez longtemps dans un état de fraîcheur : c'est donc sur les terrains qui ont le plus à souffrir des chaleurs de l'été, à moins qu'ils ne soient argileux, que le cultivateur devra l'employer de préférence.

Mais il doit arriver très-souvent que tel fermier,

possesseur d'un chiffre important de bœufs et de vaches, n'ait, pour utiliser son fumier, que des terrains argileux ou humides. Dans ce cas, il lui sera toujours facile de communiquer à cet engrais tel degré de chaleur et d'énergie qu'il jugera convenable ; le procédé est aussi simple que peu coûteux : il lui suffira d'introduire dans la fosse à purin une quantité d'excréments humains proportionnée au degré de chaleur qu'il veut communiquer, selon la nature du terrain ou des récoltes qu'il s'agit de fumer. Après avoir opéré le mélange en remuant le liquide, il devra arroser le fumier plusieurs fois par mois, selon le temps qu'il veut consacrer à la confection. Cette fumure ainsi préparée convient à toutes les cultures, aux céréales comme aux plantes oléagineuses, mais elle ne peut convenir aux jardins ni aux plantes qui ne sont cultivées que pour leurs racines ; l'âcreté produite par les vidanges nuirait à la qualité de ces plantes et compromettrait la valeur des récoltes.

DES EXCRÉMENTS DE PORC.

Ces déjections sont généralement classées, sous le rapport des principes fertilisants, comme inférieures aux trois précédentes. Nous n'admettons pas, quant à nous, cette classification ; nous pensons, au contraire, que si l'on compare les résultats d'un tas de fumier provenant des bouveries avec un semblable, mais sortant des étables à porcs (l'un et l'autre d'ailleurs également bien préparés), l'expérience démontrera que le second est plus énergique et plus durable que le premier. Il existe toutefois une différence bien sensible entre les excréments de porcs soumis au régime de la stabulation, nourris de racines et de grains et ceux des troupeaux qui, errant dans les campagnes ou les forêts, ne consomment que de l'herbe et quelques racines. Dans le premier cas, ils ont une valeur supérieure à ceux des bouveries, tandis qu'ils les égalent à peine s'ils sont le résultat d'une alimentation médiocre et sans consistance. Cet engrais a quelques inconvénients qu'il convient de signaler : ses effets sont nuisibles aux plantes à cosses, aux pommes de terre ; il leur communique un goût âcre et repoussant. C'est surtout sur les prairies que ce fumier produit des effets remarquables ; par sa fluidité et l'abondance des urines dont il est imprégné, il imprime aux herbes une active végétation. Nous avons rencontré, dans le cours de nos voyages, un grand nombre de cultivateurs qui le réservaient exclusivement pour les prairies sur sol argileux ; tous se félicitaient, comme nous avions eu nous-même occasion de le faire, d'avoir adopté cet usage.

Après avoir énuméré les propriétés diverses des quatre excréments qui constituent l'essence des fumiers des fermes, il est de notre devoir d'engager les agriculteurs à tenir compte de ces différences dans la confection de leurs fumiers, car elles sont le point de départ de la quantité d'ingrédients qui peut être ajoutée au monceau.

CHAPITRE VI.

DES LITIÈRES EN GÉNÉRAL.

Si les excréments sont la base des fumiers, les litières en sont l'accessoire indispensable ; il est donc nécessaire de savoir apprécier les propriétés relatives des pailles ou des débris de plantes qui entrent dans la composition des fumiers. On emploie souvent, trop souvent même, les pailles de froment, de seigle, d'orge et d'avoine aux litières ; ces fourrages auraient été plus utilement employés à l'alimentation des animaux, ce qui eût permis d'en entretenir un plus grand nombre, tandis que ces mêmes pailles, reparaissant sous la forme d'excréments, auraient ajouté à la somme des engrais.

Pour la confection des litières, le cultivateur a sous la main une foule de matériaux qu'il peut sans frais employer à cet usage, et qui, comme on le verra, ont plus de valeur pour la formation des fumiers que les pailles des céréales. Ainsi, les tiges du colza, du maïs, du sarrasin, les fanes des fèves, des pommes de terre, les chènevottes, etc., constituent d'abord de bonnes litières et d'excellents fumiers. Nous voyons disparaître peu à peu la déplorable habitude de brûler sur champ tous ces débris; c'est un commencement d'amélioration qu'on ne saurait trop encourager, car, en brûlant ces débris, le cultivateur éprouvait, sans s'en douter, une perte sérieuse et se privait ainsi d'une puissante ressource pour la confection de ses fumiers. Que restait-il, en effet, après l'incinération de ces pailles si riches en principes fécondants? Quelques cendres dont les vents emportaient une partie et dont le surplus ne pouvait profiter qu'à un très-petit espace. Or, l'expérience, comme l'analyse, a démontré que ces fanes, ces débris de plantes, qu'on livrait si inconsidérément à l'incinération, contenaient beaucoup plus de matières organiques et azotées que les pailles des céréales. Voici comment un chimiste allemand, Sprengel, a classé, après analyse, les différentes pailles d'après leur plus grande valeur en matières organiques :

Classification de Sprengel.

1° Paille de colza
2° — de vesce,
3° — de sarrasin;
4° — de lentilles;
5° — de fèves;
6° — de millet;
7° — de pois;
8° — d'orge;
9° — de froment;
10° — de seigle;

11° Paille de maïs;
12° — d'avoine.

MM. Boussingault et Payen, qui font autorité en France, ont à peu près confirmé les expériences de Sprengel, mais en attribuant aux pailles des pois une supériorité sur toutes les autres.

Les agriculteurs comprendront sans doute que, par le rang qu'occupent les pailles de froment, de seigle et d'avoine, ils ont tout intérêt à consacrer aux litières les débris des plantes de leurs champs et à réserver pour l'alimentation des animaux domestiques toutes les plantes des céréales. L'aménagement des litières influe d'une manière bien sensible sur le volume et la qualité des fumiers. Il faut les placer de telle sorte qu'elles reçoivent le plus immédiatement possible les déjections et les urines des animaux; elles s'en imprégneront d'autant plus aisément qu'elles seront plus aplaties et plus divisées. La quantité de litière doit être proportionnée à la fluidité des déjections, à l'abondance des urines; ainsi, les chevaux en exigent moins que les bœufs et les vaches, tandis que les porcs, à cause de la surabondance de leurs urines, en exigent une provision beaucoup plus forte.

Les ressources, pour un cultivateur industrieux, ne se bornent pas à l'emploi des pailles ou des plantes de ses champs, il lui reste encore à utiliser pour ses litières une foule de matières qu'il peut se procurer avec la plus stricte économie. N'a-t-il pas presque toujours sous la main les bruyères, les feuilles des arbres, les ajoncs, les genêts et, pour peu qu'il habite près d'une forêt, les fougères mêmes, qui sont riches en sels de potasse? Toutes les feuilles, toutes les plantes que nous venons de désigner sont plus fertilisantes que les pailles, et leur emploi dans la confection des litières permet de faire consommer plus avantageusement les fourrages. Il faut toutefois en exclure les feuilles de platane, dont la décomposition s'opère très-difficilement et qu'on ne peut utiliser qu'en les brûlant.

Enfin, si les matières indiquées ci-dessus étaient insuffisantes, les cultivateurs pourraient encore employer la terre, mais à l'état sec et pulvérulent, pour la confection des litières. En Angleterre, en Suisse, dans une partie de l'Allemagne, on couvre le sol des bergeries, des écuries et des étables d'une couche de terre de 12 à 15 centimètres d'épaisseur; après quatre ou cinq jours, ou plus tôt, si on la suppose suffisamment imprégnée des urines et des déjections, on la recouvre d'une nouvelle couche de 5 à 6 centimètres; après avoir renouvelé trois à quatre fois cette superposition, on enlève ce terreau, en ayant soin de le mélanger pour le mettre en tas. On obtient ainsi de quelques animaux une quantité considérable d'un terreau végétal dont les propriétés égalent celles des meilleurs fumiers, et il sert à la fois d'engrais et d'amendement. La raison des propriétés si remarquables de ce terreau s'explique aisément quand on considère que les urines, se combinant instantanément avec la terre, ne perdent aucune de leurs parties solubles par l'évaporation. Il en est de même des déjections qui, s'infiltrant dans la terre et s'y mêlant plus facilement qu'avec les pailles, lui communiquent la totalité de leurs parties solubles avant qu'elles aient été amoindries par leur contact avec l'air.

CHAPITRE VII.

DES URINES.

La fonction des urines est fort importante dans la confection des fumiers : d'abord, elles fournissent une humidité suffisante pour provoquer la décomposition des membranes pailleuses auxquelles elles communiquent leurs principes salins et azotés; seules et sans mélanges, elles peuvent servir pour les terres arables où cependant leur effet ne peut durer que quatre ou cinq mois au plus; mélangées avec deux fois leur volume d'eau, elles sont d'une efficacité remarquable pour l'irrigation des prairies.

Quand on considère la valeur de ce liquide, les services qu'il peut rendre sous tant de rapports divers, on ne peut que déplorer l'immense déperdition qui a eu lieu dans presque toutes les contrées par suite de la négligence qu'on apporte à le recueillir. A l'exception des pays dont nous avons signalé la prospérité agricole, on ne sait pas, ou plutôt on ne veut pas tirer parti de cette matière fertilisante; on n'utilise que les urines qui ont imprégné accidentellement les litières; le surplus, c'est-à-dire les neuf dixièmes, est absorbé par le sol terreux des étables ou va se perdre au dehors sans qu'on ait rien tenté pour prévenir cette déperdition. Quant aux urines de l'homme, si riches en principes salins, personne ne songe à les recueillir pour les utiliser.

Nous ne saurions engager trop vivement les cultivateurs à réfléchir sur l'importance des pertes qu'ils supportent chaque année avec une aussi étrange résignation. D'après un auteur remarquable, M. Girardin, la production des urines de l'homme et celles des animaux de basse-cour est ainsi estimée en moyenne :

	PAR JOUR :		PAR ANNÉE :	
1 homme,	625	grammes.	228	kilogrammes.
1 cheval,	1,330	—	485	—
1 vache,	8,200	—	2,993	—

Si les cultivateurs voulaient multiplier chaque production d'urines par le nombre d'hommes, de chevaux et de bêtes à cornes qui se trouvent dans la ferme, ils apprécieraient mieux l'importance des pertes qu'ils supportent si bénévolement. Pour leur épargner cette fatigue et nous assurer plus de chances d'être mieux compris, nous allons leur indiquer le résultat de cette opération mathématique :

Une ferme de 40 hectares, dans laquelle résident six personnes au-dessus de seize ans, deux vaches, six bœufs et deux chevaux, pourrait, en réunissant toutes ces urines, recueillir 268 hectolitres par année, ce qui seul suffirait pour fumer une portion notable de la propriété. Nous allons démontrer maintenant que toutes ces urines pouvaient être recueillies et conservées à peu de frais, et que c'est en réalité de tous les engrais celui qui coûte le moins.

DES URINES DE L'HOMME.

Un urinoir composé de quelques planches et un baquet avec des anses pour le transport, placés à l'extérieur de la maison, suffisent pour faire profiter les fumiers de toutes les urines que peuvent produire les habitants de la ferme. Ce baquet ou cuveau, dans lequel on aura soin de déverser les vases de nuit, devra contenir 25 litres au plus ; dès qu'il sera aux deux tiers de sa contenance, on le portera sur le fumier, où il sera versé tantôt dans un endroit, tantôt dans un autre. Ce liquide aura ainsi bonifié le tas, et tout ce qui n'aura pas été absorbé par les pailles se rendra dans la fosse à purin et pourra servir de nouveau à des usages multiples. Quant à ceux qui, par répugnance, voudraient éviter le transport des urines, ils peuvent, à l'aide de tuyaux commençant au fond du baquet, diriger les urines vers la fosse à purin. La dépense, dans l'un et l'autre cas, ne s'éleverait pas à plus de 25 francs, et bien souvent les cultivateurs peuvent faire eux-mêmes ce travail. Nous ajouterons que, dans plus d'une ferme, la salubrité et la décence s'en trouveraient beaucoup mieux.

DES URINES DES BESTIAUX.

Quant aux urines des étables ou des écuries, la conservation en est encore plus facile ; il suffit de garnir le sol d'une couche de terre glaise ou d'argile bien battue, de 12 à 15 centimètres d'épaisseur, de former une pente sensible, inclinant vers une rigole pratiquée derrière les bestiaux. Cette rigole, prolongée au dehors, protégée contre l'égout des larmiers par une levée de terre, conduira les urines dans la fosse à purin, auxiliaire indispensable d'une bonne fumière. A l'aide de cette précaution aussi simple que peu dispendieuse, un cultivateur fera autant de fumier avec cinq vaches que tout autre avec huit par la méthode ordinaire ; car il n'est plus obligé de ne compter que sur les déjections pour obtenir la macération des membranes pailleuses ; tout lui deviendra bon pour accroître le volume du tas : les chardons, les orties, les feuilles, les plantes nuisibles et jusqu'aux terres sableuses, tous ces matériaux mêlés aux déjections, pénétrés par des irrigations fréquentes, se stratifient, se décomposent et finissent par constituer une fumure énergique.

Là ne s'arrêtent pas les avantages que le cultivateur peut retirer de la conservation des urines et du purin. Quelque fréquentes qu'aient été ses irrigations, le fumier n'aura jamais absorbé la totalité du liquide; une portion notable se retrouvera toujours dans la fosse après le dernier arrosement; c'est alors que l'on est heureux de profiter d'une nouvelle richesse, non moins précieuse pour l'irrigation des prairies que pour la confection des composts. Mathieu de Dombasle estimait à 3 francs les 220 litres de ce liquide, et, parmi ceux qui ont pu apprécier ses effets, personne ne trouvera cette estimation trop élevée. Dans le nord, on arrose les lins, au moment de leurs premières feuilles, avec les urines, et l'on en obtient les meilleurs résultats.

DE LA CONSERVATION DES URINES.

Convient-il d'utiliser les urines le plus tôt possible? Vaut-il mieux les laisser fermenter pendant plusieurs mois?

Nous avions toujours pensé qu'il valait mieux les employer lorsqu'elles étaient encore récentes, mais cette opinion était en désaccord avec l'usage adopté dans presque tous les pays où les urines sont employées comme engrais. Il était évident pour nous qu'en laissant ce liquide exposé à l'air, il devait perdre par l'évaporation une quantité notable des principes solubles qui, au résumé, constituent sa principale valeur ; nous pensions encore que si la putréfaction augmentait l'âcreté des urines, elle ne pouvait guère l'enrichir en principes salins ou azotés; nous avons trouvé, avec une certaine satisfaction que notre opinion était partagée par MM. Girardin, Isidore Pierre, Nathaniel Cookson et H. Davy. Dans son *Traité d'agriculture*, M. Girardin s'exprime ainsi sur la question qui nous occupe :

« L'urée, principe essentiel de l'urine, se convertit par la putréfaction en carbonate d'ammoniaque, sel très-volatil ; aussi, lorsqu'on porte l'urine putréfiée sur les terres, ce carbonate d'ammoniaque se volatilise dans l'air, et l'on perd par là presque la moitié du poids de l'urine. Il faut songer que chaque kilogramme d'ammoniaque qui se perd dans l'air, sans être utilisé, équivaut à une perte de 60 kilogrammes de blé, et qu'avec chaque kilogramme d'urine on peut gagner 1 kilogramme de froment. »

C'est aussi pour ces motifs que nous voudrions voir donner la préférence aux urinoirs à baquet transportable, afin que les urines pussent pénétrer le fumier avant qu'elles eussent perdu, par l'évaporation, une certaine quantité de leurs principes solubles.

Toutefois, il existe un moyen bien simple de neutraliser la volatilisation des sels ammoniacaux au moment du dépôt des urines dans la fosse à purin, c'est d'y mêler une certaine quantité de plâtre cuit, d'acide sulfurique ou de couperose verte, toutes substances qu'il est facile de se procurer à peu de frais. Pour chaque hectolitre d'urine on emploiera :

80 grammes de plâtre,
ou 40 — de couperose verte,
ou 18 — d'acide sulfurique.

On devra agiter la fosse pendant quelques minutes avec une pelle ou un râteau pour opérer le mélange de ces matières; cependant le plâtre, étant moins soluble, exige un peu plus de travail.

Les urines employées seules comme engrais ont un effet prompt et certain, mais elles ne peuvent servir que pour une seule récolte hâtive, et ce n'est qu'à ces sortes de cultures qu'elles peuvent être employées comme engrais; elles ont alors une grande valeur, parce que leurs effets sont immédiats, énergiques et puissants.

Quelques cultivateurs font parvenir, à l'aide de tuyaux de communication, les urines des habitants de la ferme dans la fosse d'aisance afin d'augmenter le volume des matières fécales. Nous approuvons d'autant plus volontiers cet usage, que la fermentation qui résulte du mélange de ces deux matières ajoute considérablement à leur richesse en azote sans amoindrir les propriétés des excréments. Si ce système est bon par lui-même, il n'en résulte pas qu'il doive être avantageux dans toutes les circonstances; c'est au cultivateur à considérer, d'après l'état de sa ferme, la destination dans laquelle l'emploi de ses urines peut lui procurer le plus d'avantages.

Après avoir exposé ce qui concerne les trois parties constitutives des fumiers, c'est-à-dire les excréments, les litières et les urines, il nous reste à traiter une question subsidiaire qui est d'une grande importance pour la confection de cet engrais.

CHAPITRE VIII.

DES FOSSES A PURIN.

Il est impossible de bien traiter les fumiers sans avoir une fosse destinée à recevoir les urines et le purin. A l'aide de ce réservoir, le cultivateur pourra retarder ou hâter à volonté la fermentation de ses fumiers, augmenter leur volume par l'adjonction de matières diverses qui n'auront pas servi aux litières; il maintiendra dans son tas cette humidité azotée que les pailles s'approprieront d'abord et qu'elles reproduiront au centuple au moment de leur décomposition dans la terre, se constituera enfin un liquide précieux soit pour la confection des composts, soit pour l'irrigation des prairies ou des jardins.

S'il s'agissait d'une grande exploitation, l'installation d'une fosse à purin et d'une pompe pour économiser la main-d'œuvre exigerait une dépense de 5 à 600 francs. Cette dépense serait d'ailleurs compensée en un an par les avantages qu'elle produirait; mais, comme nous n'avons point à traiter la question au point de vue des grandes entreprises agricoles, nous avons cru devoir supprimer de notre premier travail tous les détails relatifs aux frais divers occasionnés par les fosses-modèles. De ce que tel ou tel fermier ne peut consacrer une aussi forte somme à l'installation d'un réservoir à purin, il ne résulte pas qu'il ne puisse, à très-peu de frais, profiter des urines de ses gens, de celles de ses bestiaux et du purin de ses fumiers. Avec quelques jours de travail il pourra se creuser à lui-même une fosse dont la dimension sera proportionnée au chiffre de ses animaux à raison d'un demi-mètre cube par tête d'animal. Cette fosse, dont le fond sera garni d'une couche de terre glaise bien battue, de 15 centimètres d'épaisseur et dont les parois seront en briques cimentées, suffira pour retenir et conserver ce liquide. Quelques marches établies dans l'une des murailles faciliteront la descente d'un homme qui puisera le purin pendant qu'un autre ouvrier le transportera sur le tas. Nous avons eu occasion de voir un grand nombre de fosses à purin dont l'installation avait coûté moins de 40 francs et dont les avantages ou produits annuels n'auraient pas été cédés par le fermier pour 200 francs.

L'utilité, la nécessité même d'un réservoir à purin, dans lequel viennent tomber toutes les urines de la ferme, nous paraît si évidente que nous ne croyons pas devoir insister plus longtemps sur cette importante question.

CHAPITRE IX.

DE LA CONFECTION DES FUMIERS.

Fumières.

De l'état de ses fumières dépend pour le cultivateur l'importance de ses récoltes futures ; il ne saurait donc apporter trop d'attention dans le choix d'une méthode de préparation. Mais avant de se déterminer il lui importe de se rendre compte de la nature du sol auquel il destine la fumure qu'il doit traiter. Si, en effet, les fumiers chauds et énergiques sont préférables pour les terrains argileux, froids et humides, un fumier mou et aqueux devra être préféré pour les terres sableuses, calcaires et, en général, partout où l'on a à redouter les effets de la sécheresse. Une expérience plus que séculaire a démontré que ces fumiers, provenant des bêtes à cornes, conservaient mieux l'humidité, agissaient encore sur la végétation quand l'effet des fumiers chauds était paralysé par les ardeurs du soleil.

Sous le bénéfice de cette circonstance exceptionnelle, nous considérerons comme fumier de premier ordre, ou fumier normal, celui qui est le résultat de l'agrégation des litières provenant des bergeries, des écuries et des étables, lorsqu'il aura été convenablement traité. Par suite de ce mélange, les qualités et les défauts de chaque espèce se trouveront corrigés les uns par les autres; cette fumure convient alors à tous les terrains. S'il n'est pas toujours facile de mélanger les litières, parce que souvent les écuries sont situées à d'assez grandes distances des étables, le cultivateur pourra toujours distribuer aisément chaque espèce selon la convenance du sol et le genre de récolte qu'il doit ensemencer.

CHAPITRE X.

DE L'INSTALLATION DES FUMIÈRES.

Méthode de l'Auteur.

La méthode que nous allons exposer pour la préparation et l'installation des fumiers est aussi simple que peu dispendieuse. Nous l'avons suivie pendant neuf ans et nous n'avons eu qu'à nous en louer.

Cinq chevaux et huit vaches, logés dans deux cloisons contiguës, étaient les seuls producteurs des fumières. A deux mètres de distance se trouvait une fosse à purin, dont le fond et les parois n'étaient composés que d'argile battue. Une rigole en pente, pratiquée derrière les animaux et prolongée au dehors, amenait les urines dans la fosse. A droite et à gauche de cette fosse se trouvaient les deux fumières, encadrées d'un petit mur en briques destiné à retenir les irrigations et à les diriger par une pente ménagée à cet effet dans le réservoir. Le sol des deux fumières, recouvert d'argile plastique, était moins élevé du côté de la fosse. Les litières étaient enlevées, mélangées et déposées sur le tas trois fois par semaine. Nous avions soin de les y déposer par couches épaisses, de les y tasser fortement avec les pieds et de les recouvrir d'un paillis pour les protéger contre les rayons solaires et les déprédations des volailles. Une fois par mois, quelquefois deux, selon la température et les besoins de la fumière, on arrosait le tas : une personne puisait le purin dans des brocs, une autre les recevait et les répandait graduellement sur le fumier ; en moins de deux heures, nous avions ainsi pénétré plus de 80 mètres cubes de fumier.

Indépendamment des litières, nous employions toutes les mauvaises herbes que nous recherchions avec empressement et surtout les feuilles des arbres. Il n'entrait que fort peu de paille de céréales, et seulement, par exception, dans les litières qui n'étaient composées que des fanes de fèves, de pommes de terre, de chènevottes, de fougère et de débris de colza ; malgré toutes ces adjonctions, nos fumiers étaient chauds et énergiques, supérieurs bien certainement à ceux des fermiers voisins qui, se contentant de leurs procédés habituels, en obtenaient beaucoup moins.

Nos deux fumières, aboutissant à la même fosse, nous permettaient de constituer deux tas, l'un pour les semailles d'automne, l'autre pour celles du printemps ; mais la préparation de ces deux fumières était bien différente, comme on le verra : pour l'une, nous ne redoutions pas un commencement de fermentation ; pour l'autre, au contraire, tous nos efforts tendaient à la prévenir. Nous expliquerons cette différence dans le traitement des deux fumières, au chapitre qui concerne *les fumiers après un commencement de macération*. Quant à cette méthode, bien qu'elle soit très-simple et qu'elle n'exige presque aucune dépense, nous pouvons affirmer qu'elle nous a permis de doubler au moins le volume de nos fumiers, de les obtenir non-seulement de bonne qualité, mais encore de les préparer selon les besoins des récoltes auxquelles nous les avions destinés.

CHAPITRE XI.

MÉTHODES DIVERSES.

Méthode de Matthieu de Dombasle.

La place au fumier est disposée d'une manière très-simple : c'est un espace plat et de niveau avec le sol environnant, mais dont le fond est glaisé de manière à ne permettre aucune infiltration. Cet espace a 12 mètres de longueur sur 7 de largeur, et lorsque ce tas de fumier occupe toute cette étendue sur une hauteur d'environ 2 mètres, il contient de 300 à 340 charges de fumier de 600 kilogrammes l'une.

Sur les quatre côtés de cet espace règne, au pied du tas de fumier, une rigole que l'on entretient toujours bien curée et qui conduit tout le purin qui s'écoule dans un réservoir de 2 mètres en carré sur 1 mètre de profondeur, et qui est pratiqué à la partie la plus basse de l'emplacement. En dehors de la rigole, et tout autour du tas, on a pratiqué, en gravier mêlé d'argile, une espèce de levée de 1 m. 50 c., afin que le purin ne puisse jamais sortir des rigoles et que les eaux extérieures ne puissent s'y mélanger. Cette levée n'a que 20 centimètres environ de hauteur au milieu et se termine en pente douce des deux côtés. Dans le réservoir est placée une pompe fixe, en bois, au moyen de laquelle on peut verser le purin soit sur le tas de fumier, pour l'arroser, soit dans un tonneau placé sur une charrette, pour le conduire sur les prairies.

Telle est la disposition du principal tas de fumier dans la ferme de Roville, celui qui reçoit les fumiers de la bergerie, des bœufs à l'engrais, des vaches et des porcs. Un autre tas, moins étendu, mais disposé de même, avec réservoir, pompe à purin, reçoit le fumier des bœufs de trait et des chevaux à la portée desquels il est placé.

Méthode de MM. de Marliave.

MM. de Marliave frères, associés pour une vaste exploitation dont ils sont propriétaires dans le département du Tarn, disposent ainsi l'emplacement de leurs fumiers :

Une enceinte carrée, en pierres cimentées avec la chaux hydraulique, est construite non loin de l'étable : elle a 1 mètre de hauteur sur 40 centimètres dans le bas et 10 centimètres de moins dans le haut. Cette enceinte, ouverte sur l'un des côtés, se divise en trois compartiments mesurant chacun 9 mètres de long sur 6 de large ; le compartiment du milieu, creusé à 50 centimètres de profondeur, reçoit le purin dont on se sert pour arroser les tas de fumier placés à ses côtés.

Méthode de quelques cantons suisses.

Tout le lit du fumier, ou plutôt la plus grande partie, forme une fosse plus longue que large. Dans le sens de la longueur sont placées, les unes contre les autres, des poutrelles ou de petits arbres, de manière à former une espèce de gril sur lequel on place le fumier. Le liquide, qui suinte, tombe directement dans la fosse à travers le gril en bois. L'un des bouts de la fosse reste découvert ; on y place une pompe qui sert à ramener le liquide sur le fumier ou à remplir les chariots, lorsqu'il s'agit de l'appliquer immédiatement aux cultures ; en outre, on conduit toutes les urines dans la fosse.

Méthode de la Trappe, près de Mortagne.

Les tas de fumier sont disposés en prismes rectangles, de la hauteur de 2 mètres environ, sur des aires dont la surface est revêtue d'une couche d'argile fortement battue, pour la rendre imperméable aux urines. On a soin de donner à cette couche une pente convenable vers l'angle d'une des extrémités, pour que les urines, avec lesquelles on arrose le tas, puissent se rendre dans un bassin intermédiaire où se trouve une pompe qui les remonte de nouveau lorsque le besoin l'exige. Les aires sont d'ailleurs assez élevées pour être garanties extérieurement des eaux de pluie qui pourraient arriver du dehors ou de l'égout des toits. De cette manière, le fumier se trouve dans les conditions les plus favorables pour devenir gras et onctueux et présenter une homogénéité de décomposition, lors même qu'on emploie des substances ligneuses pour litières, parce que l'humidité y est toujours en proportion convenable pour que la fermentation puisse s'établir régulièrement. Le supérieur de la Trappe fait placer des lits de tourbe contre les lits de fumier ; il augmente ainsi considérablement la masse de ses engrais et, suivant cet habile agronome, il n'y en a pas qui soient plus énergiques.

Nous avons emprunté à l'ouvrage de M. Girardin les quatre méthodes précédentes ainsi que la suivante.

Méthode de M. de Voght, près de Hambourg.

Cet agronome faisait vider ses étables tous les huit jours. Le fumier était produit par des bœufs et des chevaux bien nourris, auxquels on donnait pour litière de la paille de colza et des fanes de pommes de terre. Pour empêcher que le fumier ne se réduisît par une fermentation anticipée, M. de Voght le faisait stratifier avec de la boue des cours et des chemins, avec des sarclures et balayures composées de cendres et de débris de végétaux ; par ce moyen, son fumier ne diminuait ni de poids, ni de volume. Si l'on perd d'un côté 30 à 40 pour 100 de fumier par la pratique habituelle, on a, d'autre part, à regretter une diminution notable dans l'énergie et la valeur de cet engrais par suite d'une fermentation trop hâtée. Or, les terres stratifiées et imprégnées d'excréments et d'urines se mêlant facilement et intimement avec le sol, empêchent l'accumulation des parties non décomposées du fumier, ce qui amène ordinairement la carie et la rouille, et dispose les blés à verser. Lorsque la surface du fumier se recouvrait d'herbes, M. de Voght la faisait retourner à la bêche ; les herbes ainsi enterrées ne pouvaient porter graine ; on l'arrosait ensuite fréquemment avec du purin.

Telle est la méthode de M. de Voght, que nous ne connaissons que depuis fort peu de temps ; nous avons mis d'autant plus d'empressement à la transcrire en entier qu'elle se rapproche assez de la nôtre, surtout quant à l'introduction de la terre dans le tas de fumier ; cette adjonction n'est pas approuvée par Matthieu de Dombasle.

Selon ce savant agronome, le mélange de terre avec le fumier n'y ajoute aucune propriété fertilisante, ne fait qu'accroître le nombre de voitures et par conséquent les frais de transport. Il soutient que, quant aux terres qui contiennent déjà des principes fertilisants, comme les curures de fossés, les boues et les balayages des cours, etc., etc., il serait bien plus économique de les employer à part; car, en les mélangeant avec le fumier, *on n'ajoute rien aux effets* que peuvent produire ces sortes d'engrais.

Malgré notre respect profond pour l'opinion d'un agronome aussi éminemment distingué, nous ne pouvons admettre une pareille objection.

D'abord, il est évident que M. de Voght, pas plus que nous, n'a jamais cru ajouter aux principes fertilisants du fumier en y mêlant des terres. Ce que M. de Voght voulait, ce que nous avions en vue, c'était d'augmenter le volume du fumier en faisant profiter les terres, répandues dans les différentes couches du tas, des irrigations mensuelles que l'on pratiquait avec le purin et les urines, puis de paralyser, par cette interposition, les principes effervescents. Quant à nous, qui, par l'adjonction de tant d'herbes et de feuilles qui n'avaient pas même fait partie des litières, nous préparions ainsi une bien plus grande quantité de fumier que nous ne pouvions l'attendre d'un petit volume d'excréments, nous étions obligés de recourir à l'emploi des terres d'abord pour diviser les couches, puis pour les faire profiter des effets de l'évaporation. Enfin, cette même terre, imprégnée d'irrigations fréquentes, prévenait la décomposition trop hâtive des plantes, profitait des effets du plâtre et nous constituait, pour résultat certain, une excellente fumure qui servait à la fois d'engrais et d'amendement.

Méthode de M. Faure, près de Grenoble.

M. Faure a introduit dans sa propriété une fabrication d'engrais à l'usage de sa ferme. Son terrain, stérile par suite d'une composition exceptionnelle (50 pour 100 de carbonate de chaux, 50 pour 100 de sable et silicate), ne présente plus que des récoltes semblables à celles des meilleurs terrains de la vallée. L'intelligence a fait ici de véritables prodiges.

M. Faure a creusé près des écuries une grande fosse de la capacité de 200 hectolitres :

Longueur.	6 mètres.
Largeur.	1 m. 60. c.
Hauteur.	2 mètres.

Cette fosse reçoit le purin des écuries par un canal, ainsi que les eaux d'écoulement de la cour fermière ; cette fosse est recouverte et à l'abri des intempéries atmosphériques. A côté de la fosse et au niveau des écuries se trouve une autre fosse, appelée bassin de fermentation ; on entasse dans ce bassin le fumier qu'on a retiré des écuries, en le mélangeant avec tous les débris des végétaux qu'on peut se procurer dans la ferme, tels que fanes de pommes de terre, produits du sarclage, mauvaises herbes, gazons produits des nettoyages des fosses, etc., etc. Quand ce mélange est fait, on le recouvre d'une couche de terre ou de sablon, ou du raclage des grandes routes, d'une épaisseur de

5 à 6 centimètres, aussitôt, à l'aide de la pompe; on remplit de purin cette fosse jusqu'au niveau de la couche de terre ou de sablon. Au bout de quatre ou cinq jours, on fait rentrer le purin dans le réservoir primitif à l'aide d'un robinet.

La fermentation s'établit promptement dans le second bassin; les matières s'échauffent et quinze jours suffisent pour avoir un excellent fumier, que l'on transporte sous un hangar où il est déposé sur une couche de terre de 30 centimètres d'épaisseur, qui se pénètre des liquides suintant du fumier: cette couche de terre devient un excellent terreau.

Le fond des deux fosses peut être fait en argile battue, imperméable, en béton ou en maçonnerie. La grande fosse à purin doit être recouverte avec une voûte ou en lauzes plates. La seconde fosse, dite de fermentation, doit être mise à l'abri par un petit toit.

M. Faure a dépensé :

Pour la première fosse. . .	250 fr.
Pour la seconde.	125
Total. . . .	375

Son système est complet : il ne perd pas une goutte de purin; tous les débris de sa ferme sont convertis en fumier; son procédé est simple et facile à comprendre. M. Faure a reconnu l'utilité d'établir deux bassins l'un à côté de l'autre, afin que quand le premier est disposé pour fermenter on puisse remplir le second.

Il est à remarquer que tout le monde n'a pas assez de bestiaux pour obtenir le purin nécessaire pour remplir la fosse. On obvie à ce déficit en se procurant des excréments humains ou d'autres qu'on verse dans la fosse ; on y ajoute de l'eau ; la fermentation s'effectue bientôt et le liquide devient propre à arroser les fumiers du bassin. Ce liquide peut être singulièrement fortifié si l'on y ajoute du sel.

M. Faure ne manque jamais de matières végétales à réduire en putréfaction. Avec son *bineur*, il ramasse, après la récolte du blé, toutes les racines de cette plante et il vient en faire des composts dans son bassin. Il est évident que cette préparation doit donner à ces matières une action qu'elles n'auraient pas en les enfouissant sur place, simplement dans le sol ; cela donne plus de peine, il est vrai, mais les deux agents essentiels des grands succès en agriculture sont le travail et la bonne direction (1).

Comme on le voit, chaque cultivateur peut obtenir le même résultat par des voies différentes, par des méthodes plus ou moins appropriées à la nature du sol, à l'état de la ferme. C'est au cultivateur à choisir le système qui lui paraîtra le plus convenable ; mais, quel qu'il soit, il vaudra toujours beaucoup mieux que l'emploi des procédés habituels.

(1) Ce compte-rendu de la méthode de M. Faure est l'œuvre de M. E. Gueymard, ingénieur en chef des mines en retraite.

CHAPITRE XII.

DU MEILLEUR ÉTAT DANS LEQUEL IL CONVIENT D'EMPLOYER LES FUMIERS.

Vaut-il mieux employer les fumiers à l'état frais?... après une légère macération?... après fermentation?... ou réduits à l'état de terreau gluant ou beurre noir?

Il nous serait bien difficile de répondre à ces questions si l'on nous laissait ignorer à quelle culture on destine tel ou tel fermier; car la valeur spéciale de chacune des quatre espèces dépend du temps plus ou moins long pendant lequel elle doit agir sur la végétation. Ainsi, on comprendra aisément qu'il ne serait pas plus rationnel d'employer un fumier à l'état frais pour une chènevière que de consacrer un terreau gluant pour fumer un champ de blé. Dans le premier cas, la décomposition des pailles s'opèrerait trop lentement pour pouvoir activer la végétation; tandis que les propriétés fécondantes du terreau gluant s'affaiblissent trop vite pour pouvoir agir efficacement au moment de la floraison des blés, c'est-à-dire après un séjour de neuf mois dans la terre.

Si les engrais, c'est-à-dire les substances qui contiennent l'azote et les sels solubles de potasse et de magnésie doivent produire la plus grande dose d'avantages au moment de la granification, n'est-il pas évident que le cultivateur industrieux doit donner à ses fumiers un degré plus ou moins avancé de décomposition, selon la nature des plantes auxquelles il les destine, selon le temps qui doit s'écouler entre les semailles et la floraison?

Tout le monde sait aujourd'hui que c'est au moment de la granification que les plantes absorbent la plus grande quantité de matières organiques et non à l'époque de la germination; nous croyons, en conséquence, devoir omettre toutes les démonstrations qui se présentent en foule pour prouver une chose que personne n'ignore, que personne d'ailleurs ne conteste; mais si le cultivateur a bien saisi ce point de départ et les conséquences qui en découlent, il ne lui sera plus difficile de se rendre compte de l'état dans lequel doivent être ses fumiers par rapport aux plantes qu'ils doivent alimenter.

DES FUMIERS A L'ÉTAT FRAIS.

L'emploi des fumiers à l'état frais, c'est-à-dire au sortir des étables, a été chaudement recommandé par d'éminents agronomes. En Angleterre, il a de nombreux partisans parmi les fermiers qui, d'après leur manière de voir, y trouvent un double avantage : 1° emploi du fumier avant qu'il ait été diminué de 25 centièmes par un séjour en tas; 2° plus de durée dans les effets de cette fumure.

En France, nous avons entendu un assez grand nombre de fermiers donner la préférence à ce fumier sur toutes les autres préparations. Nous ne pouvons, quant à nous, accepter comme sérieuse cette préférence qu'autant que nous connaîtrons la destination de cette fumure. Nous ne pouvons contester les avantages de cet engrais s'il s'agit de fumer des céréales en automne; nous ne l'admettons pas quand il s'agit de plantes qui ne doivent séjourner que quelques mois dans la terre, parce que la putréfaction ne s'opère que lentement et n'active pas assez énergiquement la floraison et la granification des plantes hâtives. Quant à faire transporter sur champ le fumier sortant des étables, à en faire de petits tas, même pendant la neige, à l'abandonner sans se préoccuper de ce que les pluies, le soleil et l'évaporation peuvent produire de déchet, nous laissons la responsabilité de ces conseils à ceux qui les ont donnés. Nous engagerons, au contraire, les cultivateurs à n'employer ces fumiers qu'autant qu'ils auront été complétement imprégnés d'urines et stratifiés par le piétinement des animaux, et de faire en sorte qu'ils soient chargés, transportés, éparpillés et enfouis dans le même jour : c'est le seul moyen de conserver à cet engrais une valeur réelle et de longue durée.

M. le maréchal Bugeaud qui, comme on le sait, s'occupait volontiers d'agriculture lorsque les affaires politiques ou militaires lui permettaient de séjourner dans sa propriété d'Excideuil, était partisan des fumiers frais. Nous pensons qu'on ne lira pas sans intérêt ce qu'il pensait à cette occasion :

« Le fumier perd, en six mois de putréfaction, la moitié de ses facultés fertilisantes, quelques soins qu'on prenne pour sa conservation. Employé immédiatement à créer une végétation progressive, il pourra être multiplié par lui-même dans ces six mois; les plantes qu'il aura produites rendront au cultivateur plus de principes qu'elles n'en auront pris à l'engrais, puisqu'elles se nourrissent aussi dans l'atmosphère; elles lui donneront aussi, si ce sont des plantes fourragères ou des racines, du croît de bétail et du travail.

« Exemple : Un agriculteur, suivant l'ancienne méthode, a, au mois de mars, cent voitures de fumier qu'il réserve et soigne précieusement pour l'époque des semailles d'automne....

« Son voisin a aussi cent voitures de fumier; mais, suivant les nouvelles théories, il les applique à un champ de betteraves; au mois d'août suivant, il dispose d'une grande quantité de feuilles pour nourrir son bétail; au mois d'octobre, il arrache une belle récolte de racines qui, appliquées aussi à la nourriture de ses bestiaux, achèveront de reproduire autant de fumier qu'on en a employé à leur production et, cependant, le champ restera suffisamment fumé pour recevoir le froment.

« Le voisin n'a encore rien retiré de son fumier; il démolit son tas pour fumer une surface égale à celle du champ de l'autre cultivateur, et il ne trouve plus que cinquante voitures de fumier avec lesquelles il n'obtiendra pas une plus belle récolte que celle du champ voisin d'où l'on a extrait les betteraves.

« Il est inutile de pousser plus loin la comparaison; il est évident que l'agriculteur routinier aura divisé son fumier par deux, tandis que l'agriculteur progressif l'aura multiplié par le même nombre, ce qui établit entre eux une différence du quadruple. Le dernier aura, en outre, nourri une plus grande quantité de bétail; il aura plus d'animaux pour travailler : il aura donc plus de profit; enfin, il aura conquis sur l'atmosphère les éléments de l'amélioration progressive du sol. »

En ce qui concerne les fumiers à l'état complétement frais, leur emploi sera difficultueux dans bien des fermes, du moins notre propre expérience nous le fait craindre, parce que l'époque des semailles, n'ayant lieu que deux fois par an, il devient difficile d'enlever et de transporter des étables une grande quantité de fumier qui ne soit encore qu'à l'état de litières combinées. Ce n'est donc que dans les grandes exploitations qu'il est possible d'utiliser cette fumure et en quantités assez restreintes.

DES FUMIERS APRÈS MACÉRATION.

La décomposition des pailles et des débris de plantes ne saurait constituer un engrais assez puissant pour produire la quantité d'azote et de sels solubles qui est nécessaire à l'alimentation des plantes au moment de la granification ; il faut encore que ces débris aient acquis eux-mêmes, par leur contact avec les urines et les excréments, une dose beaucoup plus forte de matières organiques qu'ils dégagent ensuite selon les besoins de la végétation ; les pailles et les plantes ainsi saturées forment, pour ainsi dire, le réceptacle des matières solubles ; le dégagement des gaz s'opère d'abord lentement au profit des terres environnantes ; puis, lorsque survient la décomposition des membranes pailleuses, les émanations des excréments, augmentées par la putréfaction des tiges, acquièrent une énergie beaucoup plus grande et fournissent surabondamment les sucs nutritifs des plantes. Il ne s'agit plus, pour le cultivateur intelligent, que d'employer des fumiers dont la décomposition s'effectue au moment de la floraison des grains.

Tels sont les motifs pour lesquels le fumier qui n'a reçu qu'un commencement de macération est recherché, souvent préféré même pour les plantes qui doivent rester longtemps dans la terre. Ces motifs sont sérieux, s'expliquent aisément et ont une influence incontestable sur l'avenir des récoltes.

Il importe de savoir maintenant comment il sera possible de paralyser pendant quatre à cinq mois la fermentation, de maintenir le fumier dans un état de simple macération.

En exposant notre méthode habituelle pour la préparation de nos fumiers, nous avons omis à dessein, et pour ne pas être obligés de nous répéter, de traiter cette question subsidiaire. Nous avons dit que nos deux fumières étaient installées de chaque côté de la fosse ; que l'une recevait les fumiers destinés aux semailles du printemps et l'autre ceux qui devaient être consacrés à celles d'automne. Nous avons ajouté que, pour les premiers, nous ne redoutions pas un commencement de fermentation, parce que nous savions qu'ils devaient produire tout leur effet pendant deux ou trois mois au plus.

Au contraire, quand il s'agissait du tas de fumier destiné aux semailles d'automne, comme le blé, l'orge, l'avoine, etc., nous avions soin de garnir de sable et de saupoudrer de plâtre les différentes couches de fumier toutes les fois que nous l'apportions des étables pour le mettre en tas. Nous préférions mélanger le plâtre cuit au fumier plutôt que de le jeter dans la fosse à purin ; le résultat était le même, sans doute, quant à la concentration des sels volatils, mais nous y trouvions un avantage, c'était de faire profiter les membranes pailleuses de ce stimulant avant que l'abondance des irrigations eût absorbé les principes fécondants du plâtre. La présence du plâtre au milieu du tas absorbait le carbonate d'ammoniaque, le transformait en sulfate dont le dégagement s'opérait avec lenteur. Les effets qu'on obtenait d'un fumier ainsi préparé avaient une grande importance, eu égard à sa destination : d'abord, il conservait ses propriétés pendant la végétation des céréales, ne produisait toute son énergie qu'au moment décisif de la floraison ; souvent même il conservait quelques facultés fécondantes pour la germination des récoltes suivantes.

Bien des cultivateurs ont paru étonnés des avantages produits par les fumiers plâtrés. M. Didieux, de la Haute-Marne, a fourni à ce sujet quelques renseignements précieux pour la science agricole ; mais cependant le plâtrage des fumiers est pratiqué depuis longtemps en France, et les avantages qui en résultent n'auraient étonné personne si l'on eût bien compris qu'en neutralisant ainsi l'évaporation on réservait, pour un temps plus opportun, le dégagement des principes solubles ; que c'est en cela surtout que consiste son principal mérite ; que si, par lui-même, il ajoute un stimulant utile à la végétation, cela ne peut être qu'un accessoire fort peu important en comparaison de la première cause de son utilité dans la confection des fumiers.

Ainsi, toutes les fois que les cultivateurs se trouveront dans l'impossibilité d'utiliser leurs fumiers aussitôt qu'un commencement de macération aura été obtenu, ce qui arrive trop fréquemment dans les petites fermes, ils devront neutraliser la fermentation en plâtrant leurs fumiers et les arroser de purin au moins deux fois par mois. Ces irrigations fréquentes suffisent pour les empêcher de s'échauffer, et c'est toujours par suite de l'augmentation continuelle du calorique que commence la fermentation. 5 à 6 litres de plâtre par chaque mètre cube nous suffisaient amplement; quelques agronomes conseillent d'en employer 15 litres; d'autres vont même jusqu'à 20. Nous avons dû noter cette différence, mais nous persistons à considérer la dose de 5 à 6 litres comme la plus rationnelle.

DES FUMIERS APRÈS FERMENTATION.

L'emploi de cette fumure est déjà moins économique que la précédente, puisque ses effets sont de plus courte durée et que le volume en est considérablement diminué par un plus long séjour en tas; cependant elle a une valeur réelle, supérieure même à la précédente, quand il s'agit de plantes hâtives comme le lin, le chanvre, le colza et les pommes de terre. Ces plantes exigent en général l'aide d'engrais et de stimulants énergiques pendant toute la durée de leur végétation. Or, les fumiers à l'état frais, ceux même qui ne sont que médiocrement macérés se décomposent trop lentement dans la terre et n'offrent pas avec assez d'abondance les sucs nutritifs dont ces plantes ont besoin dès leur mise en terre.

Ainsi que nous l'avons dit dans le chapitre précédent, on sera souvent obligé de recourir au plâtrage, dans les petites exploitations, pour utiliser cette fumure, parce que presque toujours la culture des céréales y est l'objet principal des travaux agricoles; d'un autre côté, l'époque du fumage, soit au printemps, soit à l'automne, exige que les fumiers restent en tas pendant près d'un semestre.

Nous résumerons cet exposé, déjà très-succinct, en conseillant aux cultivateurs de plâtrer les fumiers destinés aux céréales quand ils n'auront pu neutraliser la fermentation, de ne pas redouter une certaine fermentation et de ne point plâtrer quand il s'agira de plantes hâtives.

DES FUMIERS RÉDUITS A L'ÉTAT DE TERREAU GLUANT.

Nous affirmons tout d'abord que l'existence de fumiers aussi déplorablement préparés nous était encore inconnue en 1850; mais, lorsque nous avons parcouru les départements du centre et de l'est, nous avons reconnu, à notre grand étonnement, que l'emploi de ces fumiers était presque général

Le résultat des expériences que nous avons entreprises, pour juger la valeur de cette fumure, a été à peu près conforme aux déductions des agronomes que nous avons consultés depuis cette époque et nous les consignons ici le plus brièvement possible :

100 mètres cubes d'un fumier normal produisent tout au plus, quand ils sont réduits à l'état de terreau gluant ou beurre noir, 66 mètres, souvent moins. D'un autre côté, une quantité considérable de matières solubles est perdue par l'évaporation, le dessèchement ou la surabondance des eaux pluviales.... La perte de l'azote s'élève à plus de moitié de son chiffre primitif, et l'effet de cette fumure n'agit que fort peu de temps sur la végétation ; cela se comprend d'autant plus aisément que les matières organiques ayant été considérablement amoindries, on ne peut même plus compter sur la décomposition des membranes pailleuses, putréfiées depuis longtemps, pour obtenir la quantité de matières solubles nécessaires à l'alimentation des plantes.

L'éparpillement de ce terreau est d'abord fort pénible ; le travail se fait ordinairement avec les mains ; il exige, par conséquent, plus d'ouvriers que tout autre ; les fragments sont jetés çà et là, à des distances parfois assez considérables ; il divise peu la terre ; de telle sorte qu'en tenant compte de la réduction du volume et de la diminution très-évidente des propriétés fécondantes, on est obligé de conclure que le cultivateur a sacrifié la moitié de sa fumure à une opinion complétement erronée.

Nous avons essayé bien des fois d'obtenir des fermiers une explication plus ou moins spécieuse de cette préférence. De l'ensemble de leurs réponses nous avons pu juger que presque tous ont été trompés par l'apparence; ils ont pensé que cette décomposition complète, ces matières visqueuses ne pouvaient que constituer un fumier de premier ordre. Que de gerbes de toute nature auraient été produites sans cette regrettable illusion!

Toutefois, si nous proscrivons cette fumure pour la culture des champs en général, nous devons faire des réserves pour son emploi sur les prairies où ses effets ont plus d'efficacité que tous les autres fumiers.

CHAPITRE XIII.

DE L'ÉVAPORATION.

Cette question est de la plus haute importance en agriculture; cependant elle n'a été traitée que subsidiairement et comme accessoire. Nous croyons devoir insister un peu plus sur ses inconvénients.

La valeur d'un engrais est estimée en général d'après la quantité de gaz qu'il peut dégager au profit des plantes. Ces gaz, quoique invisibles et impalpables, se trouvent absorbés par la terre qui environne le dépôt d'engrais, font corps avec elle et constituent ainsi une très-grande partie de l'alimentation de la plante. Or, si l'engrais, quel qu'il soit, a déjà perdu par l'évaporation une portion notable des gaz qu'il pouvait produire, il est évident que sa valeur intrinsèque sera diminuée en proportion des fluides gazeux déjà perdus et qu'il ne saurait plus fournir.

De toutes les causes qui engendrent la dépréciation des fumiers, il n'en est pas qui agisse d'une manière plus constante, plus funeste sur leurs propriétés fertilisantes que l'évaporation. Quelques soins cependant peuvent neutraliser une grande partie de ses effets : un petit mur entourant le tas, l'introduction dans les couches d'un dixième de sable ou de terre, l'emploi de l'acide sulfurique, de la couperose verte ou du plâtre pulvérisé dans les irrigations, auraient suffi pour retenir au profit du monceau la sublimation des fluides gazeux. Que les cultivateurs soient donc bien convaincus que tous les miasmes qui se dégagent par la volatilisation sont à jamais perdus pour la fécondation des terrains; que, par conséquent, le meilleur fumier sera toujours celui qui, bien tassé, arrosé fréquemment de purin, sera entretenu de telle sorte que les émanations ne soient point provoquées par les influences atmosphériques et soient retenues au profit du monceau.

Si tous les cultivateurs, sans exception, peuvent aisément comprendre que les engrais pénètrent la terre par leurs fluides salins ou azotés, comme le sel pénètre tous les corps les plus compactes, bien que les matières salines ne soient en contact qu'avec les extrémités externes; s'ils sont bien convaincus que leurs engrais sont inévitablement détruits par les pluies, le soleil ou l'évaporation, lorsqu'ils n'ont pris aucune précaution pour neutraliser ces influences délétères, on se demandera peut-être comment des hommes qui se disent cultivateurs ont pu, sans rougir d'eux-mêmes, transporter sur champ leur fumier, l'éparpiller et l'abandonner ensuite pendant plus d'une semaine aux inconvénients qui résultent des rayons solaires, de la pluie et de l'évaporation la plus complète. Ce gaspillage d'une fumure précieuse ne constitue pas malheureusement un fait isolé, une circonstance exceptionnelle : cette insouciance, cet abandon sont encore aujourd'hui très-fréquents dans nos campagnes. Comment ces cultivateurs n'ont-ils pas compris qu'après quelques jours d'éparpillement leurs fumiers avaient perdu les gaz d'ammoniaque (résultat du gaz hydrogène et de l'azote combinés), principes essentiels des propriétés fécondantes, et que la terre n'avait plus à recevoir que des débris pailleux qui ne pouvaient produire qu'un effet restreint au moment de leur putréfaction? Si le tas de fumier valait 100 francs au moment du transport sur champ, il en valait moins de 50 après six jours d'éparpillement.

En 1843, dans une ferme de Sanvic, près du Havre, nous profitâmes d'un moment où l'on creusait une fosse d'aisance pour démontrer au fermier les influences de l'évaporation même à d'assez grandes distances. Nous fîmes creuser un fossé de 2 mètres de longueur sur 50 centimètres de profondeur, aboutissant à la fosse. Après avoir étendu dans ce fossé deux fagots d'épines, nous fîmes recouvrir le tout de terre; nous pûmes nous convaincre, après quelques semaines, que l'herbe qui croissait au-dessus de ce drainage artificiel était beaucoup plus forte et plus verte que les herbes voisines, croissait également plus vite et, contrairement à ce qu'on aurait pu croire d'abord, était plus recherchée par les vaches du fermier. On doit remarquer en plus que les émanations fétides avaient à parcourir les deux côtés d'un triangle et à pénétrer 20 centimètres de terre avant d'agir sur les racines de l'herbe. En 1852, nous avons eu occasion de visiter de nouveau cette ferme; la même force végétative existait toujours, le sillon conservait sa riche verdure et se distinguait même de fort loin des terrains adjacents.

En expérimentant, à Sanvic, les influences de l'évaporation à de grandes distances, nous avions cru faire une épreuve des plus élémentaires, sur le résultat de laquelle nous ne pouvions avoir le moindre doute. Beaucoup plus tard, nous trouvâmes consignée dans plusieurs ouvrages une expérimentation de sir Davy, que nous allons transcrire malgré ses rapports avec celle de Sanvic.

« Sir Davy remplit une cornue de fumier, la déposa dans un fossé creusé à cet effet, appliqua le bec de la cornue au-dessous d'un gazon qui faisait partie de la bordure d'un jardin. En moins d'une semaine, l'effet était devenu très-sensible; l'herbe contrastait fortement avec celle qui n'avait reçu aucune des émanations de la cornue, et présentait une force de végétation vraiment extraordinaire. »

Comme on le voit, dans les deux cas, le résultat ne pouvait qu'être identique, et il en sera de même dans toutes les expérimentations bien établies. Donc, il est évident que les composés gazeux, qui ne sont que le résultat des engrais, sont le principal agent de la fructification des plantes; donc, l'évaporation des engrais, avant leur emploi, doit être paralysée par tous les moyens dont le cultivateur pourra disposer.

On objectera peut-être qu'il sera toujours difficile, pour ne pas dire impossible, à un agriculteur n'ayant qu'un attelage de deux chevaux, de charger, transporter, éparpiller et enfouir le fumier dans un même jour.

Nous répondrons à cette objection en exposant ce qui avait lieu en pareille circonstance lorsque nous étions agriculteur : le jour choisi pour le fumage de nos terres était communiqué aux fermiers voisins; ils se rendaient à la ferme avec leur attelage (chevaux, charrues ou tombereaux). Les uns chargeaient le fumier, d'autres s'occupaient du transport, les valets de ferme procédaient à un éparpillement immédiat, tandis que les charrues fonctionnaient pour l'enfouir aussitôt. En deux jours les champs étaient fumés et labourés, grâce à l'intervention de nos voisins qui, faisant connaître à leur tour l'époque de leur fumage, recevaient de nous et des autres fermiers la même quantité de bras et de chevaux qu'ils nous avaient déjà fournis.

Quantités d'engrais nécessaires pour la fumure d'un hectare de terrain.

Il serait difficile de préciser le nombre de voitures de fumier qu'il convient d'employer pour *tous les terrains;* le chiffre plus ou moins élevé dépend : 1° de la nature des plantes plus ou moins absorbantes de la récolte précédente ; 2° de la qualité du sol qu'il s'agit de fumer ; 3° de l'espèce des plantes que l'on veut cultiver ; 4° de la qualité du fumier.

Une voiture de fumier, dans son état normal, c'est-à-dire après une macération de quelques semaines, peut peser 700 kilogrammes, ce qui, en volume, peut former le mètre cube. Or, dans un terrain de qualité ordinaire, 30 voitures distribuées et enfouies immédiatement suffisent pour 1 hectare ; c'est donc d'après ce moyen terme que l'on doit ajouter ou diminuer selon les circonstances mentionnées ci-dessus.

CHAPITRE XIV.

DES EXCRÉMENTS HUMAINS.

Dans cent ans on s'expliquera difficilement comment, à notre époque dite de progrès, les quatre cinquièmes des vidanges sont, par l'insouciance des cultivateurs, perdus pour l'agriculture. Cet engrais contient cependant une quantité considérable de matières solubles, des substances salines et minérales qui, se décomposant par l'analyse en carbonate de soude, sel marin, sulfate de soude, phosphate de chaux, d'ammoniaque et de magnésie, concentre tout ce qui constitue la plus grande valeur des engrais.

Sans doute, les départements du nord et celui de l'Isère savent tirer tout le parti possible des vidanges ; quelques cultivateurs voisins des grandes villes utilisent aussi cette fumure ; mais en réalité on ne saurait considérer cette pratique que comme une exception en présence de la masse considérable qu'on pourrait employer avec autant d'avantage que d'économie.

C'est avec les vidanges qu'en Flandre et en Hollande on fume les plantations de lin, de chanvre, de caméline ou de colza, où l'on obtient des récoltes beaucoup plus fructueuses que le meilleur rendement des céréales; aussi, dans ces contrées si florissantes, sont-elles recherchées avec empressement. Quand donc en sera-t-il de même dans nos départements du centre, de l'est et du midi de la France où, de nos jours encore, il s'en fait une immense déperdition? Pour rendre plus sensibles les observations que nous avons à développer, nous indiquerons d'abord quelle est la production annuelle des excréments humains, et quelle quantité de vidanges ils produisent lorsqu'ils sont mêlés aux urines dans les fosses d'aisances.

Les excréments solides d'un homme adulte sont, en moyenne, de. . . . . 130 grammes par jour; ses urines pèsent. . . . 710 grammes, ce qui donne par année 306 kilogrammes de vidanges. En multipliant le produit annuel de 306 kilogrammes par 25,000,000 d'adultes, nous trouvons que la France produit, chaque année, 76,000,000 d'hectolitres de matières fécales, ce qui, avec l'azote de l'air, suffirait pour fumer les terres arables de quinze départements.

Voilà donc une ressource fertilisante toute préparée; elle ne coûte que le soin de la réunir et de la répandre sur les terres; sa mise en réserve contribue même à l'amélioration de la salubrité publique; elle convient à toutes les cultures et surtout aux plantes hâtives; son emploi pour les semailles du printemps permet de réserver les fumiers au profit des céréales et, malgré les avantages qu'on peut en obtenir, une très-faible portion de cet engrais est utilisée par quelques-uns, négligée ou dédaignée par ceux-là mêmes qui se plaignent le plus amèrement de la disette des engrais!

Sans nous arrêter à tout ce qu'il y a de pénible dans ces observations, si nous venons à nous rendre compte des causes de cette étrange incurie, nous y trouvons pour motifs : 1° avant tout, la répugnance qu'on éprouve dans l'emploi de cet engrais par suite de l'odeur nauséabonde qu'il exhale ; 2° les frais que semblerait exiger la construction des latrines, 3° l'insuccès de quelques tentatives opérées sans discernement.

En ce qui concerne la répugnance occasionnée par le dégagement des gaz fétides pendant le transport et la distribution des vidanges, on conçoit que les ouvriers qui ne s'en occupent qu'accidentellement puissent préférer un tout autre travail. Toutefois, il faut avouer que, *abstraction faite des procédés qui amoindrissent considérablement les exhalaisons fétides*, il n'y a rien qui ne puisse être supporté pendant quelques heures, rien qui soit de nature à compromettre la santé des travailleurs. Aujourd'hui, le génie industriel a trouvé le moyen de manipuler ces matières sans avoir à redouter la dispersion des miasmes, soit à l'aide de pompes aspirantes, soit à l'aide de procédés chimiques dont nous parlerons ultérieurement. Quant aux petites exploitations, les vidanges se conservent dans un tonneau spécial et se distribuent en temps utile, sans qu'elles occasionnent aucun embarras.

Les frais que nécessite une fosse d'aisance sont peu considérables et peuvent être acceptés, dans tous les cas, avec la certitude qu'ils seront largement compensés dès la première année par les avantages qu'ils procureront, quelle que soit d'ailleurs l'importance des sacrifices qu'on puisse s'imposer, puisque la quantité des matières obtenues ne peut être que proportionnelle à la quotité des frais exigés. Pour les petites fermes, quelques planches formeront l'habitacle; un siége et un tonneau placé au-dessous suffiront pour recueillir et conserver les matières fécales.

Si l'emploi des vidanges, comme engrais, n'a pas *toujours* répondu à l'attente de certains cultivateurs, il faut l'attribuer ou à des circonstances exceptionnelles, ou, ce qui arrive le plus fréquemment, au peu d'intelligence de celui qui essaye cette fumure. Nous aurions bien des faits à relater, bien des exemples à transcrire de l'emploi mal compris de cette fumure. L'exposé le plus succinct intéresserait médiocrement le lecteur, et le cadre que nous nous sommes tracé nous oblige à restreindre nos observations. Qu'il nous suffise donc de résumer tous ces insuccès en affirmant que presque tous n'ont eu pour cause que la profusion excessive des matières fécales.

L'emploi de ces matières produit des effets supérieurs à ceux de tout autre engrais quand il s'agit de plantes hâtives, parce que leur énergie correspond parfaitement avec les besoins urgents d'absorption de ces plantes, qui croissent en quelques mois. Dans le nord, on réserve exclusivement pour ces cultures le produit des fosses d'aisance et l'on obtient, comme nous l'avons déjà dit, de prodigieuses récoltes. Cette facilité de fumer avec certitude de succès et sans beaucoup de frais une assez grande quantité d'hectares a inspiré à ces agriculteurs l'idée d'augmenter successivement la culture des plantes textiles et de celles qui ne sont qu'oléagineuses, et, malgré cet accroissement continuel, cette culture ne cesse pas de leur procurer beaucoup plus de bénéfices que les plus riches récoltes en céréales. Les succès constants obtenus dans cette spéculation agricole ont rendu ces cultivateurs fort industrieux. Nous croyons intéresser nos lecteurs en leur faisant connaître à l'aide de quels moyens ils obtiennent, transportent, répandent et enfouissent si facilement cet engrais.

Quinze jours avant les semailles, les tombereaux sont envoyés à de grandes distances pour recevoir les vidanges de toutes les latrines d'où l'on peut les obtenir. A l'aide de pompes spéciales, les immondices sont retirées des fosses et déposées dans les tombereaux en très-peu de temps et sans l'intervention des anciens paniers. Lorsque les tombereaux sont ramenés sur champ, on chasse alors deux chevilles terminées en pointe qui soulèvent la planche mobile de l'arrière, de telle sorte que l'ouverture ainsi obtenue puisse laisser un passage suffisant pour couvrir le sol de 5 à 6 millimètres de vidanges, la marche des chevaux étant réglée au pas ordinaire des labours. Dès que les tombereaux ont cessé de fonctionner, les charrues viennent immédiatement enfouir l'engrais à une profondeur de 12 à 15 centimètres, selon la nature du sol et des récoltes qu'il s'agit de fumer. Après huit ou dix jours, l'ensemencement a lieu ; la terre qui le réçoit est déjà imprégnée des fluides gazeux, et la germination s'opère dans les meilleures conditions. Ce mode, si simple et si facile, de répandre les matières fécales, a fait disparaître à peu près l'usage de l'escope qui exigeait d'abord plus de bras, plus de temps, une certaine habileté chez les ouvriers et qui, en réalité, n'effectuait qu'une distribution beaucoup moins régulière.

En admettant que certains métayers, éloignés des centres de population, ne puissent pas toujours obtenir assez de matières fécales pour fumer leurs plantations de graines oléagineuses, ils pourront toujours recueillir et conserver avec le plus grand soin tout ce que peuvent produire les habitants de la ferme ; cette quantité, si faible qu'elle soit, leur procurera toujours d'assez grands avantages s'ils savent l'utiliser à propos. D'abord, en mêlant ces vidanges soit avec le purin, soit aux fumiers, ils communiqueront à leur tas plus de chaleur, plus de puissance et d'énergie. D'un autre côté, s'ils ont quelques prairies montueuses, dont l'accès, à la partie la plus élevée, offre de grandes difficultés au transport des fumiers, il sera toujours aisé d'y faire parvenir les vidanges par petites quantités, et là, en les mélangeant avec cinq fois leur volume d'eau, on les répand sur les parties les plus arides de la prairie. Ces irrigations raniment les herbes et provoquent leur croissance ; les racines, activées par ce stimulant, se seront développées plus profondément dans la terre et deviendront ainsi moins sensibles à l'influence d'une sécheresse. Sur les prairies détériorées par trop de fraîcheur ou d'humidité, l'emploi des vidanges n'est pas moins avantageux. Enfin, dans la confection des composts l'adjonction des matières fécales provoque la dissolution des parties solubles qu'ils contiennent et en constituent la principale richesse.

Récapitulons, messieurs les cultivateurs, toutes les pertes auxquelles vous vous soumettez si bénévolement chaque année :

Pertes des excréments humains ;
Pertes de presque toutes les urines ;
Pertes des tiges et des fanes de vos champs ;
Pertes des feuilles, des plantes inutiles, etc., etc. ;
Pertes de vos fumiers par votre peu de soin dans la préparation ;
Pertes de la qualité de vos fumiers par l'évaporation, etc., etc.

Avouez donc que vous eussiez pu doubler vos engrais, sans frais sérieux, et augmenter ainsi considérablement le produit de vos récoltes. Il en serait résulté plus d'aisance dans vos familles ; votre travail agricole vous eût paru moins pénible, et ce commencement de réussite vous eût encouragés à adopter d'autres améliorations de culture.

CHAPITRE XV.

DE LA POUDRETTE. — DU NOIR ANIMALISÉ. — DU GUANO.

DE LA POUDRETTE.

L'emploi des matières fécales est fort ancien dans l'agriculture, mais il revêt diverses formes. Quelques personnes, à proximité des grandes villes, ont confectionné, avec les vidanges, un genre d'engrais concentré auquel on a donné le nom de poudrette, parce que la partie solide des excréments se trouve transformée en une sorte de poussière ; les effets en sont très-énergiques ; on en obtient d'assez grands avantages sur les terrains froids, humides ou argileux. Mais cet engrais coûte fort cher en réalité, parce que ses effets n'agissent que pendant une courte durée. Le prix habituel est de 6 francs l'hectolitre pris sur place ; or, comme il en faut 30 hectolitres pour fumer un hectare, on voit de suite qu'en ajoutant les frais de transport au prix d'achat, cette fumure est assez dispendieuse ; que, d'ailleurs, elle ne divise point la terre à laquelle elle ne communique qu'un stimulant, énergique sans doute, mais qui ne peut servir que pendant une saison; enfin il ne faut pas oublier que cette fumure ne peut convenir ni aux légumes, ni aux plantes cultivées pour leurs racines.

Toutefois, cet engrais peut être fort utile sur des terrains montueux, d'un accès difficile, parce qu'il peut y être transporté par petites quantités et par les ouvriers eux-mêmes. Nous ne conseillerons l'emploi de la poudrette qu'en pareille circonstance; nous voudrions même en voir la fabrication beaucoup plus restreinte, car nous savons qu'il faut sacrifier 7 hectolitres au moins de matières fécales pour en obtenir un seul de poudrette; or, cette perte est assez considérable et constitue toujours un préjudice notable aux besoins de l'agriculture.

DU NOIR ANIMALISÉ.

Cette nouvelle transformation des vidanges est à la fois plus facile, moins dispendieuse, plus prompte et plus à la portée des cultivateurs que la fabrication de la poudrette; elle offre aussi de bien plus grands avantages puisqu'elle conserve toutes les propriétés des excréments et des urines et que, au lieu d'en amoindrir le volume, elle l'augmente de plus d'un tiers. La préparation de cette fumure est on ne peut plus simple et facile : il suffit de jeter tous les mois dans la fosse d'aisance 2 litres de plâtre pulvérisé, 250 grammes de couperose, 6 litres de poussière de charbon, une certaine quantité de tannée ou de sciure de bois, on peut même y ajouter des plâtras et des terres cuites ou spongieuses ; on mélange le mieux possible ces ingrédients avec les matières fécales, à l'aide d'un bâton ; l'opération peut s'effectuer en dix minutes, et, après l'avoir renouvelée chaque mois, on se trouve détenteur d'une excellente fumure dont l'effet est moins énergique sans doute que celui des matières fécales à l'état naturel, mais qui suffit pour activer la végétation de deux récoltes consécutives. Huit personnes adultes, habitant une ferme, suffisent pour se constituer ainsi, sans travail et avec moins de 16 francs de dépense, 30 hectolitres d'un engrais excellent, avec lequel on peut fumer un champ de 2 hectares. L'intervention du plâtre, de la couperose et des terres cuites, au milieu des vidanges, a concentré et retenu la sublimation des fluides gazeux : toute odeur repoussante a disparu ; l'enlèvement, le transport et l'épandage s'opèrent sans que les ouvriers aient à souffrir de ces exhalaisons nauséabondes que l'on éprouve avec une certaine répugnance dans la manipulation des vidanges. Cet engrais convient à toutes les cultures, mais principalement aux céréales et au colza d'hiver ; on peut l'utiliser aussi bien après l'enlèvement de la fosse que lorsqu'il a été conservé à couvert pendant plusieurs mois.

Depuis plus de vingt ans, cet engrais se fabrique

près des grandes villes et se trouve dans le commerce au prix de 5 à 6 francs l'hectolitre. C'est une fumure peu coûteuse, puisqu'elle s'élève à 100 francs au plus par hectare, et l'on se loue généralement de son emploi.

DU GUANO.

L'usage du guano comme engrais est connu depuis des siècles sur la côte occidentale du Pérou ; mais il n'a été introduit en France que depuis moins de vingt ans. C'est un dépôt d'excréments d'oiseaux de mer superposés en monticules sur plusieurs îles de l'océan Pacifique. Ces résidus d'excréments, doués d'une supériorité incontestable de puissance et d'énergie sur tous les autres engrais, ont été vivement recherchés par les Européens et surtout par les Anglais, qui en font d'immenses importations. Les sels ammoniacaux prédominent dans la composition du guano, c'est ce qui explique sa puissance énergique sur la végétation des plantes. Il serait difficile de préciser la dose d'azote qu'il contient. Le guano de l'océan Pacifique est beaucoup plus riche en substances azotées et ammoniacales que celui de toute autre provenance. La différence est tellement considérable que certains chimistes ont trouvé un minimum de 5 pour 100 d'azote dans l'un, tandis que d'autres expérimentateurs ont obtenu jusqu'à 17 pour 100. En général, 400 kilogrammes de guano du Pérou suffisent pour fumer un hectare. Le prix actuel est de 36 francs les 100 kilogrammes. Cette fumure serait assez onéreuse si l'on devait l'employer seule, car elle n'a d'effet que pendant une année au plus ; mais il est facile de l'économiser tout en la rendant plus propre à féconder certaines récoltes. Ainsi, dans le cas où il s'agirait de plantes annuelles, on fera une opération non moins utile qu'économique en mélangeant 200 kilogrammes de guano avec 200 litres de plâtre ou de cendres ; on enfouira ce mélange quelques jours avant les semailles. L'adjonction du plâtre modère l'effervescence du guano et réserve pour le moment opportun le dégagement de toutes ses propriétés fécondantes. Il y aura donc toujours avantage, soit sous le rapport de l'économie, soit pour neutraliser les effets trop énergiques du guano, de ne l'employer qu'après l'avoir mélangé.

Nous avons dit précédemment que les Anglais recherchaient avidement cette fumure. En effet, ils en font seuls une plus grande consommation que toutes les nations réunies du globe. S'ils avaient, dans le principe, employé le guano mélangé, ils n'en seraient pas arrivés à cette extrémité de ne pouvoir s'en passer. On le comprendra aisément par l'extrait d'une lettre qui nous était adressée personnellement, en 1848, par un agronome anglais éminemment distingué :

« .... Cet engrais continue de produire de magnifiques récoltes, surtout pour les plantes hâtives; mais il a profondément fatigué, épuisé même le sol. Nos fermiers en sont arrivés au point de ne pouvoir plus s'en passer. Si les importations venaient à cesser soit par suite de guerre, soit par l'épuisement des îles de production, il leur faudrait plus de trois ans de soins et de forts fumages pour rendre à leur terre les éléments de fertilité qu'elle possédait avant l'introduction du guano. Quant à moi, je m'y suis laissé prendre comme bien d'autres, mais seulement pour une faible portion de mes champs..., etc., etc.

« **Saint-James, par Canterbury, 29 septembre 1848.**

« Signé : N. Cookson. »

Avant d'acheter de la poudrette ou du guano, voyez, messieurs les cultivateurs, si, à l'aide d'un peu plus de prévoyance et de soins, il ne vous serait pas facile de vous en passer. Si vous utilisez convenablement toutes les matières que vous laissiez perdre ; si vous traitez mieux vos fumiers ; si vous les employez en temps plus opportun, il est bien probable que vous ne songerez jamais à faire la coûteuse acquisition de ces deux engrais.

CHAPITRE XVI.

DES COMPOSTS. — DES FUMIERS DE VILLE ET DES FUMIERS EN COUVERTURE.

DES COMPOSTS.

Les composts sont une agrégation de matières diverses ayant pour la plupart des propriétés fécondantes et qui, mises en tas, se communiquent par la fermentation leurs principes de fertilité et constituent ainsi, après quelques mois, une excellente fumure qui sert à la fois d'engrais et d'amendement.

Il y a vingt ans, les composts étaient en grande vogue ; à chaque instant on voyait apparaître de nouvelles recettes pour la composition de cet amendement ; aujourd'hui l'on y met moins d'ostentation. Chaque cultivateur se constitue, sans frais et dans les moments les moins utiles aux travaux des champs, un excellent terreau ; il lui suffit de former un carré sur un emplacement sec, à l'abri des eaux pluviales, d'y réunir successivement toutes les matières ayant par elles-mêmes des principes de fertilité ou susceptibles de décomposition, telles que les sables de route, les curures des mares et des fossés, des matières fécales, des débris de plantes, les animaux de basse-cour morts de maladie, les herbes nuisibles débarrassées de leurs graines, la sciure de bois, les chiffons de laine, les écailles d'huîtres, les râpures de cornes, les plumes des volailles, etc., etc. Toutes ces matières, bien mêlées ensemble, arrosées parfois de purin ou avec les eaux savonneuses, entrent en fermentation après quelques mois de séjour en tas et formeront un terreau non moins avantageux pour les champs que les meilleurs fumiers ; cependant, il vaut beaucoup mieux le réserver pour en couvrir au printemps les parties les moins fertiles des prairies . c'est là sa véritable destination. Distribué sur un pré, à 1 centimètre d'épaisseur, il y produit des avantages de divers genres : il agit puissamment sur la végétation des herbes par ses propriétés fécondantes ; il marcotte les tiges et provoque ainsi la croissance de nouvelles plantes ; il attire les vers au-dessous de la superficie amendée ; ces annélides coupent les racines pour se nourrir, forment ainsi des boutures qui produisent de nouvelles tiges. Il n'est pas rare de voir un terrain appauvri, presque dénudé, se couvrir d'une riche végétation à la suite d'un pareil amendement et conserver sa fertilité pendant huit ou dix ans.

Presque tous ceux qui ont écrit sur la confection des composts conseillent de les *recouper* plusieurs fois afin de mieux mélanger les matières diverses dont ils sont composés; nous n'approuvons pas, quant à nous, cette fréquente manipulation; nous pensons, au contraire, qu'en remuant souvent le compost on lui fait perdre, par l'évaporation, beaucoup plus qu'il ne peut gagner par un mélange plus ou moins parfait. C'est au moment de l'installation des différentes couches qu'il convient de mêler le mieux possible toutes les matières qui forment sa masse; mais, une fois que le monceau est constitué, il vaut mieux, selon nous, laisser la fermentation s'établir et se maintenir que de la troubler par des changements continuels.

Nous ne saurions trop recommander aux cultivateurs la confection des composts; ils obtiendront ainsi sans frais une ressource précieuse pour la culture des champs, d'une valeur inappréciable pour l'amélioration des prairies. Les matières qui entrent dans leur composition seraient, à cause de leur petite quantité, à peu près perdues dans les fumiers; ils n'exigent d'autres soins que quelques irrigations alcalines ou azotées que l'on ne pratique ordinairement que dans les moments de loisir, et leur emploi produit toujours de fort bons résultats.

DES FUMIERS DE VILLE.

On donne le nom de *fumiers de ville* à un composé de détritus de toute nature qu'on ramasse chaque matin, après le balayage, dans les rues des grands centres de population. On les réunit en tas comme les composts ; après les avoir laissés fermenter pendant cinq à six mois, on les répand surtout sur les terres argileuses où ils produisent de bons effets. Trop souvent, pendant l'acte de la fermentation, des quantités considérables d'hydrogène sulfuré se dégagent du tas au préjudice de sa valeur intrinsèque. En mélangeant aux diverses couches quelques litres de plâtre pulvérisé, on modère la fermentation et l'on retient ainsi la dispersion des fluides gazeux. Employés sur les terrains froids et humides ils neutralisent, pendant plusieurs années, les conséquences funestes de l'humidité. C'est d'ailleurs un engrais qui, en général, exige peu de frais et peu de soin ; les agriculteurs qui peuvent s'en procurer seraient inexcusables de négliger d'en faire la plus grande provision possible. En Angleterre cet engrais est activement recherché ; on l'emploie alors pour les navets, les rutabagas, les crucifères en général ; on lui attribue des effets sensibles pendant quatre ans.

DES FUMIERS EN COUVERTURE.

Fumer en couverture c'est recouvrir les parties d'un champ où la végétation des grains d'hiver paraît chétive et compromise. Ce n'est donc que comme remède qu'on doit employer ce genre de fumure, et, il faut le dire, on en obtient souvent de bons résultats. S'il ne fallait compter que sur la quantité d'engrais fournie par ce fumier isolé et constamment en contact avec l'air, on sacrifierait bien à tort une assez notable quantité d'engrais dont les quatre cinquièmes, ayant perdu leurs propriétés par l'évaporation, ne peuvent guère agir sur la végétation ; mais, en pareille circonstance, la fonction du fumier est complexe : d'un côté, il abrite les plantes maladives contre les rigueurs du climat, il excite la plante à taler ; d'un autre côté, il place, pour ainsi dire, les tiges entre deux engrais bienfaisants, il échauffe la terre et rend ainsi aux plantes toute la vigueur dont elles peuvent avoir besoin. L'emploi de cette fumure peut encore être fructueux, nécessaire même, lorsque, par inadvertance, les céréales se trouvent semées trop dru ; on soutiendra la puissance végétative de cette multiplicité de plantes en les recouvrant de fumier complétement fermenté ; mais il est à désirer que ces circonstances n'arrivent jamais, car cette double fumure coûte fort cher et produit moins d'effet que la moitié de son volume utilisé avec discernement. Dans ces deux cas, il faut rejeter de cet emploi les fumiers frais, d'abord parce que leur décomposition est beaucoup trop lente, ensuite parce qu'ils contiennent généralement des graines de mauvaises herbes et des œufs d'insectes qui, n'ayant pas été détruits par la putréfaction, se reproduiraient dans la terre et nuiraient aux récoltes.

Quant à fumer en couverture sur les prairies, c'est une méthode bien connue dans tous les pays ; elle augmente considérablement la quantité des récoltes ; elle amende le terrain pour plusieurs années ; toutefois, nous ne pouvons l'approuver qu'autant que le cultivateur manquerait de terreau, de compost ou de fumier de ville, car ces engrais ont plus de puissance, plus de durée sur les prairies que le fumier, lequel a, de son côté, plus de valeur dans les terres arables que ces trois engrais. C'est après les dernières gelées que l'on doit répandre l'engrais sur les prairies et, si le terrain est appauvri, on fera bien d'y semer auparavant des graines fourragères. Dans le cas où l'on serait obligé de recourir à l'emploi des fumiers, ceux de porc devront toujours être préférés ; tous les cultivateurs s'accordent à leur reconnaître une supériorité incontestable sur tous les autres pour cet usage.

CHAPITRE XVII.

DES PLANTES VERTES ENFOUIES POUR TENIR LIEU D'ENGRAIS.

Les plus anciens agriculteurs, les Romains eux-mêmes, avaient contracté l'excellente habitude d'enfouir certaines plantes vertes et de se constituer ainsi un engrais qui, dans plusieurs circonstances, avait une grande valeur. Cette méthode a toujours eu de bons résultats ; mais, pour en retirer tout le fruit possible, il est bon de se rendre compte des occasions spéciales où son emploi peut offrir les plus grands avantages.

Considérons tout d'abord que, en sacrifiant les plantes, après 20 ou 25 centimètres de hauteur, à la fumure des champs, on rend à la terre : 1° les principes azotés et alcalins qu'elles y avaient puisés ; 2° ceux qu'elles avaient perçus dans l'atmosphère ; 3° ceux, enfin, qui doivent résulter de la décomposition de ces débris. Mais toutes les plantes ne fournissent pas une égale quantité de principes fécondants, parce que toutes n'en absorbent pas une égale portion, soit par leurs racines, soit par leurs feuilles, pendant les premières phases de leur croissance. C'est donc aux plantes qui trouvent dans l'air leur plus grande part de nutrition qu'il faut donner la préférence, parce qu'elles sont moins épuisantes pour le terrain que les autres. Ainsi, l'on devra choisir pour cette destination le colza, dont les feuilles sont spacieuses et riches en azote, les pois, les féveroles, le trèfle rouge, le trèfle incarnat, la navette et le sarrasin. Toutes ces plantes croissent promptement, sont peu absorbantes avant la floraison et contiennent toutes, comme on l'a vu à l'article qui concerne les litières, une assez grande quantité de principes utiles à la végétation. Pour rendre l'enfouissage plus complet et plus facile, il convient de les faucher, et, lorsqu'on procède à l'ensemencement de ces plantes, on ne doit pas craindre d'augmenter la quantité des semailles.

C'est surtout dans les contrées méridionales, dans les terres sableuses exposées aux ardeurs du soleil, aux inconvénients de la sécheresse, que cette fumure produit les meilleurs résultats, puisque là elle apporte une cause d'utilité de plus, la faculté d'entretenir une fraîcheur naturelle et continue à l'entour des racines ; aussi son emploi devient-il, dans bien des cas, d'une nécessité absolue. Il n'en est pas de même dans le nord, où les terres sont plus fraîches, plus fortes et moins desséchées par les rayons solaires.

Dans les départements du Tarn, de la Haute-Garonne et de l'Ariége, on pratique en grand l'enfouissage, mais seulement pour les récoltes hâtives.

Les agriculteurs paraissent avoir reconnu que l'emploi de cette fumure pour les céréales ne produisait plus des effets assez puissants après neuf à dix mois de séjour en terre. Cette opinion nous paraît d'autant plus fondée que le meilleur produit que puisse fournir un hectare de plantes vertes n'équivaut pas à plus de dix voitures de fumier normal sous le rapport des matières azotées et alcalines; mais il faut encore y joindre l'inconvénient d'une trop prompte décomposition. En un mot, on ne peut considérer l'opération de l'enfouissage des plantes vertes que comme une demi-fumure; mais nous ne la considérons pas moins comme très-avantageuse, nécessaire même dans les terres sableuses. Mentionnons encore, avant de terminer cette question, une circonstance où l'enfouissage des plantes vertes devient une puissante ressource : c'est lorsque les terrains sont montueux et d'un accès difficile. Si le fermier a eu soin de conserver ses vidanges en les joignant à ses débris de plantes, il obtiendra, sans frais, une bonne fumure pour une prochaine récolte et conservera la totalité de ses fumiers pour les champs d'un accès plus facile

---

CHAPITRE XVIII.

DES ENGRAIS MINÉRAUX OU ALCALINS.

Jusqu'à présent, messieurs les cultivateurs, nous avons attiré votre attention sur toutes les matières qui pouvaient servir, par leurs propriétés spéciales, à l'alimentation des plantes : vous les connaissez toutes depuis longtemps et, à l'exception du guano, elles s'offrent d'elles-mêmes, pour ainsi dire, à votre choix, selon vos besoins. Toutes ces substances contiennent une quantité plus ou moins considérable d'azote ; mais, pour que les plantes puissent se l'assimiler plus aisément, il est parfois nécessaire que l'azote lui-même subisse une transformation à l'aide de sels alcalins ou minéraux. Sans entrer dans les discussions contradictoires, souvent opposées et jusqu'à ce jour fort incertaines, que les chimistes soutiennent sur le rôle ou la fonction des divers agents qui interviennent dans cette transformation, nous constaterons qu'il est reconnu par l'expérience que l'azote pénètre difficilement dans l'économie de certaines plantes s'il n'est converti à l'état d'ammoniaque, qui n'est, d'ailleurs, qu'une combinaison d'hydrogène et d'azote : de là la nécessité de recourir aux substances alcalines ou minérales pour rendre l'azote plus soluble, plus assimilable, pour provoquer l'extension des tiges, des feuilles et des racines, et les rendre ainsi plus aptes à percevoir les sucs nutritifs provenant de la décomposition des matières animales et végétales, à absorber dans l'atmosphère une plus grande quantité d'azote. Cette propriété des sels minéraux, quelque importante qu'elle soit, n'est pas la seule qui intervienne puissamment dans l'acte de la végétation. Ces engrais salins agissent encore chimiquement sur la nature du sol en modifiant sa substance, en améliorant ses facultés productives ; enfin, ils contrarient la propagation des mauvaises herbes, les détruisent même, après emploi renouvelé, au profit des légumineuses dont ils favorisent la croissance.

Par engrais salins, nous comprenons toutes les substances minérales, dont une partie de leur composé devient soluble dans l'eau et constitue un stimulant propre à activer la végétation, comme les cendres, le plâtre ou sulfate de chaux, le salpêtre, la suie et le sel marin ; à ces matières essentiellement minérales, nous ajouterons la marne et la chaux, qui ne sont que des amendements calcaires, mais dont l'influence a quelque analogie avec les effets des matières minérales.

DE LA MARNE.

Le marnage est un amendement si bien connu des cultivateurs que nous nous croyons parfaitement dispensé d'expliquer les travaux qu'il exige. Nous nous contenterons, en conséquence, de traiter la question des inconvénients et des avantages qu'il doit produire.

Toutes les marnes n'ont pas la même efficacité : la qualité de chacune d'elles dépend de la dose plus ou moins considérable de carbonate de chaux qu'elle peut contenir. La marne calcaire est la meilleure des trois espèces ; elle se délaye facilement dans l'eau, ne peut constituer avec elle qu'une pâte très-courte, contient plus du tiers de son volume de carbonate de chaux, produit les meilleurs effets sur les terres froides, humides ou argileuses, lorsqu'elle est répandue dans la proportion de 40 mètres cubes par hectare.

La marne sableuse se délaye aussi très-aisément dans l'eau, mais ne peut se former en pâte ; elle est graveleuse, jaunâtre ; la plus grande partie de son volume se compose de sable et de silice ; il en faut, par conséquent, une plus grande quantité pour opérer un amendement convenable ; sa véritable destination est d'être employée sur les terres fortes, mais à la dose de 60 mètres cubes au moins.

La marne argileuse est plus riche en carbonate

de chaux que la précédente; elle est aussi plus lourde, plus compacte, est facile à distinguer par sa consistance même. On la réserve ordinairement pour les terres sableuses où elle produit de bons effets; c'est d'ailleurs la seule qui puisse convenir sur cette nature de sol. 40 mètres cubes suffisent généralement, mais elle doit être renouvelée après cinq années.

Le marnage est utile sur les terres sableuses, pourvu que les marnes soient argileuses; très-avantageux sur les sols à base d'argile; inutile sur les terrains siliceux; nuisible sur les terres calcaires, si la marne n'est essentiellement argileuse.

La marne, comme la chaux, produit des effets bien opposés selon le terrain qu'il s'agit d'amender. Incorporée dans les terres argileuses, elle en amoindrit l'humidité, les rend moins compactes et plus faciles à cultiver. Mélangée, au contraire, avec les terres sableuses, elle leur communique plus de consistance, les rend moins sensibles aux chaleurs brûlantes de l'été et facilite ainsi la végétation des plantes en ces moments critiques. C'est toujours vers la fin de l'automne qu'il convient de procéder au marnage, afin que les dépôts aient le temps de se déliter sur champ pendant les gelées d'hiver et avant l'enfouissage que l'on pratique ordinairement au moment des semailles du printemps. Le marnage n'est point un engrais; ses effets, comme ceux de la chaux, ne peuvent qu'améliorer le terrain, l'ameublir, le disposer à mieux profiter des fumiers, introduire même dans les éléments terreux quelques principes salins ou minéraux qui influent sur la végétation, mais il ne peut tenir lieu d'engrais.

DE LA CHAUX.

M. Bouchardat en donne la définition suivante : « On nomme *pierre à chaux* tout minéral renfermant au moins la moitié de son poids de carbonate de chaux et qui, après avoir été calciné, jouit de la propriété de se déliter en absorbant de l'eau qu'il solidifie. »

Nous ne parlerons pas de la chaux hydraulique, destinée aux travaux de construction. En agriculture, on en emploie deux espèces : les chaux grasses, composées d'une très-grande partie de carbonate de chaux à l'état pur, qui sont toujours préférées ; et les chaux maigres, qui ne contiennent que 60 pour 100 au plus de carbonate de chaux : il en faut un tiers de plus que des premières pour amender un hectare. Aujourd'hui le chaulage des terres arables est pratiqué dans tous les pays, bien qu'il y ait dans cet amendement quelque chose de mystique, de variable même en ce qui concerne ses effets : ici, son influence est puissante et féconde ; là, elle sera nulle ou insignifiante ; ailleurs, elle épuisera le sol et sera, pour plusieurs années, funeste au terroir. Il nous importe donc de nous rendre compte des propriétés de la chaux, des modifications qu'elles apportent à la nature du sol, de leur action complexe sur la végétation des plantes, afin de prévoir les circonstances où son emploi pourrait être avantageux ou préjudiciable aux terres et aux récoltes.

D'abord la chaux peut servir d'amendement, de stimulant et parfois d'engrais, mais seulement dans une circonstance toute spéciale que nous ferons connaître. Elle sert d'amendement en ajoutant un calcaire aux terrains qui en sont dépourvus, en provoquant la décomposition des matières organiques contenues ou introduites dans le sol, en communiquant même une certaine porosité qui facilite la pénétration de l'air, de la chaleur et des courants électriques. La chaux agit comme stimulant lorsque sa dissolution dans la terre engendre certains agents tels que le carbone, le phosphore et l'ammoniaque, qui se trouvent absorbés par les plantes, les alimentent et activent leur végétation. Enfin la chaux peut parfois servir d'engrais dans un sol composé d'humus et de débris de plantes, où elle provoque la décomposition des matières organiques et fait profiter les racines de toutes les facultés fécondantes qui en résultent. C'est de la nature du terrain qu'il s'agit de chauler que dépend le plus ou le moins d'utilité de son emploi. Ainsi, lorsque le chaulage est pratiqué sur des terres argileuses, il absorbe l'humidité inhérente à cette nature de sol, en désagrége les molécules compactes et fait profiter les plantes des propriétés alcalines et alumineuses que contient l'argile. L'action de la chaux rend la terre plus légère, plus poreuse, plus malléable, provoque au profit de la tige l'intervention de tous les principes fertilisants qui peuvent se trouver à portée des racines.

D'après M. Boussingault, « la chaux introduite dans le sol se comporte de deux manières distinctes : elle réagit sur les matières organiques, favorise leur décomposition et opère à leur égard comme elle le fait pour les composts. Mais bientôt elle absorbe, par sa dissolution, l'acide carbonique dont le sol est imprégné, et se trouve alors ramenée à l'état de carbonate, qui agit comme la marne, mais qui se trouve néanmoins dans un état de division beaucoup plus considérable et est, par conséquent, bien plus facilement assimilé. »

Si nous avons été assez heureux pour bien faire comprendre l'influence complexe, les effets multiples de la chaux en agriculture, notre tâche deviendra plus facile lorsqu'il s'agira de déterminer le dosage, c'est-à-dire de faire connaître la quantité de chaux à employer, eu égard à la nature des différents terrains qu'il s'agit de chauler.

Les évaluations que nous allons soumettre ont été approuvées par tous les agronomes que nous avons consultés sur cette importante question.

Pour les sols de première classe, à base d'argile.	175 hectolitres de chaux.
Pour les sols de deuxième classe, à base sablo-argileuse. . . .	120 hectolitres de chaux.

Nous n'avons pas besoin de dire que la chaux employée sur les terrains essentiellement calcaires ne ferait qu'ajouter aux effets brûlants et nuisibles de cette nature de sol. Dans toutes les circonstances mentionnées ci-dessus, le cultivateur devra pulvériser la chaux, la distribuer sur le sol en proportions parfaitement égales et l'enfouir plusieurs jours avant les semailles. C'est surtout dans les défrichements que l'emploi de la chaux intervient avec les plus précieux avantages ; là, elle divise la terre, décompose rapidement les racines et les plantes introduites sous raie, désagrége les terres compactes et dispose merveilleusement le sol à la production. En général, on estime que l'emploi de la chaux, dans la mise en culture des terrains en friche, diminue de plus de moitié les difficultés du travail.

La chaux pulvérisée que l'on sème sur les prairies humides produit de fort bons résultats : elle modifie la nature du sol, absorbe une partie notable de la fraîcheur et fait périr les mauvaises herbes, comme les joncs, les carex, les patiences, etc., au profit des graminées et des légumineuses, dont elle favorise la croissance.

Enfin, la chaux rend à l'agriculture un nouveau genre de service au moment des semailles. On la fait dissoudre dans cinq fois son volume d'eau, et lorsque le liquide est refroidi, on y introduit les grains que l'on destine aux semences ; on forme ainsi une sorte de pralinage qui a pour effet de prévenir la carie en activant la germination et d'écarter certains insectes qui attaquent et détruisent souvent les graines ensemencées. Quelques cultivateurs ont abandonné ce système et emploient avec avantage le sulfate de soude mélangé avec du lait de chaux pour la préparation de leurs semailles.

CHAPITRE XIX.

DU PLATRE.

Le plâtre ou sulfate de chaux est l'un des auxiliaires les plus précieux de l'agriculture. Employé sur les terres argileuses, il les rend moins compactes, en désagrége les molécules et les maintient dans un état de division qui permet de faire concourir leurs principes fécondants à l'acte de la végétation ; il favorise la croissance des légumineuses telles que le trèfle, la luzerne, les pois, les vesces, le sainfoin, etc., en donnant plus de consistance aux tiges, aux feuilles et aux membranes, en leur facilitant ainsi les moyens de puiser dans l'atmosphère une plus grande quantité d'azote. Bien que les circonstances dans lesquelles l'usage du plâtre fut introduit en Amérique soient connues du plus grand nombre, nous avons cru devoir les relater.

Pendant son séjour en France (vers l'année 1778), l'illustre Franklin eut occasion d'apprécier les bons effets du plâtre et voulut, à son retour dans sa patrie, faire profiter ses concitoyens de cette importante découverte. Afin d'en démontrer le plus promptement et le plus évidemment possible l'efficacité, il forma, sur un champ de trèfle situé près d'une ville, avec du plâtre pulvérisé, des lettres dont l'ensemble signifiait : *Ceci a été plâtré.* Après quelques semaines, le trèfle qui avait poussé sur les lettres plâtrées offrait, par sa vigueur et son élévation, un contraste frappant avec le reste du champ, et chacun put lire aisément les mots mentionnés ci-dessus ; aussi personne ne songea plus à mettre en doute les propriétés du plâtre.

On l'emploie de deux manières, mais toujours dans un état pulvérulent, soit après calcination, soit tel qu'il est extrait des carrières. Dans le premier cas, il est mieux divisé ; ses effets sont plus prompts, mais ils ont moins de durée ; il coûte aussi plus cher que le plâtre cru. L'emploi de ce dernier est préférable, parce que ses effets agissent plus longtemps et d'une manière plus modérée, ensuite parce que son action n'est pas influencée par l'état de l'atmosphère. Personne n'ignore que le plâtre cuit, semé sur les prairies artificielles, ne produit aucun effet s'il n'est précédé ou suivi de quelques pluies et qu'on en perd une notable quantité lorsque les vents ont acquis un peu de force. 2 hectolitres 1/2 de plâtre pulvérisé suffisent sur un hectare de plantes anuelles ; quant à l'époque convenable pour plâtrer un champ, nous verrons plus loin qu'il y a divergence d'opinion. Toutefois, d'après l'usage presque général, l'on adopte la fin d'avril, en ayant soin de choisir un temps modérément pluvieux.

Matthieu de Dombasle avait adopté un tout autre

système : il plâtrait ses prairies artificielles soit au moment des semailles, soit au mois d'octobre, lorsqu'il s'agissait d'une récolte intercalée, se réservant toujours d'ajouter un nouveau plâtrage si les effets du premier ne lui paraissaient pas suffisants, ou s'ils se trouvaient paralysés par quelque circonstance exceptionnelle. Selon cet éminent agronome, les plantes devaient acquérir plus de force avant l'hiver, les racines pénétraient plus profondément et souffraient, par conséquent, beaucoup moins des rigueurs du froid. Cette innovation, consignée dans les bulletins agricoles, trouva promptement des imitateurs : MM. Rollin, près de Clamecy; Lefebvre, à Saint-Aubin (Haute-Saône); Duvernois, près de Belley, que nous avons connus personnellement, se louent d'avoir suivi cette méthode depuis longtemps. Nous pourrions citer beaucoup d'autres noms que nous trouvons mentionnés dans les ouvrages d'agriculture, mais il nous tarde d'appeler l'attention sur le système de M. Didieux, de la Haute-Marne.

Dans la conviction que le plâtre pouvait agir sur toutes les récoltes, même sur les céréales, M. Didieux a cessé de répandre le plâtre sur le terrain; il l'emploie sur les fumiers mêmes, mais dans une proportion plus considérable que celle que nous avons précédemment indiquée. Le fumier ainsi plâtré donne un tiers de plus de récoltes, et conserve, dans la terre qui a déjà produit, une quantité de principes fertilisants qui, souvent, peuvent suffire, sans autre engrais, pour une nouvelle récolte de plantes peu épuisantes. Toutefois, fait observer M. Didieux, le fumier plâtré depuis quelques semaines sera toujours préférable à celui qui l'aurait été depuis six mois. Notre propre expérience pendant plus de huit années nous permet de donner au système de M. Didieux notre pleine et entière adhésion ; mais nous n'attribuons pas à la même cause que lui la valeur incontestable du fumier plâtré quand il s'agit de plantes annuelles; nous persistons à penser que l'effet du plâtre, comme substance alcaline, n'est que très-secondaire sur la végétation, en comparaison de sa faculté précieuse de pouvoir neutraliser la sublimation des fluides gazeux, de réserver tous les principes ammoniacaux pour le moment utile de la floraison, et que c'est dans cette propriété inhérente à sa nature, et non ailleurs, qu'il faut chercher le point de départ des grands avantages produits par le fumier plâtré.

Ce que nous avons dit de la marne et de la chaux, nous devons le maintenir à l'égard du plâtre : ces trois substances ne constituent point des engrais et ne peuvent en tenir lieu; elles sont même toutes les trois inutiles sur les terrains complétement appauvris ; on ne doit les considérer que comme des auxiliaires puissants des engrais, que comme des amendements d'un grand prix qui, employés à propos, peuvent doubler l'importance d'une récolte.

CHAPITRE XX.

DES CENDRES.

Il serait difficile de trouver un agent fertilisant qui réunît autant d'avantages que les cendres de nos foyers. D'abord, elles agissent physiquement et chimiquement sur le sol ; leur effet est sensible pendant deux ou trois années ; le peu de volume qu'exige le fumage d'un hectare (de 2,500 à 3,000 kilogrammes) permet de les faire parvenir sur les terrains d'un accès difficile ; elles conviennent à toutes les cultures, mais surtout aux prairies, aux vignes et aux plantes oléagineuses ; elles détruisent les mauvaises herbes produites par l'humidité du sol ; enfin, lorsquelles sont employées seules, elles peuvent tenir lieu d'engrais et d'amendement.

Toutes les cendres n'ont pas la même valeur en agriculture ; celles qui proviennent de l'incinération des tiges d'œillette, de pois ou de fèves nous paraissent avoir une supériorité incontestable sur toutes les autres : ce qui s'explique aisément quand on a fait l'analyse de ces plantes. Les cendres de nos foyers sont également très-recherchées, mais sont moins estimées sous le rapport commercial. Celles qui proviennent de l'incinération de la tourbe ont beaucoup moins d'énergie, mais elles s'obtiennent plus facilement à cause des procédés à l'aide desquels on les confectionne dans les départements du nord; elles coûtent moins cher et agissent puissamment sur les prairies, le lin, le trèfle et les lentilles.

Les cendres noires, que l'on trouve jusqu'à la surface du sol dans certaines contrées de la Picardie, ont une valeur toute spéciale : elles s'emploient de préférence sur les terrains calcaires, souvent même après le chaulage et le marnage; il en faut 25 hectolitres au moins pour produire un résultat sensible; mais cette dépense est d'ailleurs fort légère, puisque ces cendres ne coûtent que 75 centimes l'hectolitre. On doit, autant que possible, enfouir ces cendres quelques jours avant les semailles, afin que leurs propriétés aient le temps de pouvoir se combiner avec la terre et que leurs principes sulfureux éloignent certains insectes qui attaquent les récoltes au printemps.

La charrée est le résidu des cendres qui ont été employées au lessivage. Cette matière conserve encore une grande partie de sa valeur primitive, et, malgré les opinions si diverses qui se sont manifestées à ce sujet, nous n'hésitons pas à lui attribuer *les trois cinquièmes* des propriétés des cendres d'où elle provient : on lui donne la même destination, mais on doit en augmenter le volume de plus d'un tiers.

Les cendres sont, comme nous l'avons dit, un excellent engrais, mais il est nécessaire que leur emploi soit alterné avec celui du fumier. Elles peuvent produire, seules, une excellente récolte; mais si l'on renouvelait leur emploi une seconde année, on s'exposerait à une déception, parce qu'elles ne peuvent pas tenir lieu des engrais animaux pendant plus d'une année. Bien que les cendres renferment beaucoup plus de principes fertilisants que la marne et la chaux, elles agissent un peu comme ces deux matières minérales; elles fournissent tout d'abord à la terre une foule de principes solubles qui peuvent tenir lieu d'engrais une première fois, elles préparent la terre à profiter des engrais pour les années suivantes, mais elles ne peuvent les remplacer.

Parmi les plantes de jardin qui reçoivent des cendres une impulsion très-marquée, nous citerons les liliacées, comme l'oignon, le poireau, l'ail, etc.; puis encore les asperges, le céleri et les artichauts.

CHAPITRE XXI.

DE LA SUIE.

La suie, ou noir de fumée, est un engrais salin des plus énergiques ; elle contient, en matière azotée et acide ulmique, plus de la moitié de son poids. On lui attribue la propriété d'éloigner certains insectes qui, au printemps, amoindrissent ou détruisent les jeunes plantes.

Cet engrais convient surtout aux terrains calcaires ; mais il vaut beaucoup mieux l'enfouir que de l'employer en couverture, bien que la suie soit de tous les engrais celui qui est le moins altéré par son contact avec l'air. On peut toutefois s'en servir, avec les plus grandes chances de succès, pour raviver les plantes maladives soit par excès d'humidité, soit par suite des rigueurs de l'hiver. Nous sommes heureux de pouvoir citer deux expériences, renouvelées pendant quatre ou cinq ans, avec le même succès, dans lesquelles l'emploi de la suie nous a donné des résultats qui, après nous avoir impressionné, méritent d'attirer l'attention des cultivateurs.

En 1846, nous avions pu nous procurer 22 hectolitres de suie. Une partie fut semée, vers la fin de mars, à l'entour des plantes de colza repiqué, et enfouie par un premier buttage. La récolte fut prodigieuse : nous obtenions, après le vannage, 24 hectolitres de grain sur un champ de 38 ares. Les plantes avaient atteint plus d'un mètre d'élévation et montraient une vigueur inusitée. Les années suivantes nous avons obtenu, par les mêmes procédés, un résultat presque aussi avantageux, quelle qu'eût été la nature du sol sur lequel la récolte avait été plantée.

Nous fûmes beaucoup moins favorisé dans une tentative que nous fîmes sur une partie d'un champ de lin : la portion sur laquelle la suie avait été semée produisit beaucoup de graines, mais une filasse grossière, de médiocre qualité et sans valeur commerciale.

Les quelques hectolitres qui nous restaient furent enfouis au pied de certains pommiers à cidre qui depuis fort longtemps ne rapportaient aucun fruit. Là, notre expérience réussit parfaitement la première, la troisième et la cinquième année (les pommiers à cidre ne produisent de fruits que tous les deux ans). Plus tard, nous avons su que leurs produits bisannuels avaient complétement cessé et que notre successeur s'était décidé à les abattre. Nous ferons observer que ces pommiers étaient sur sol complétement argileux, et nous croyons que si le fermier qui nous a succédé eût renouvelé l'épreuve en mêlant la suie à une quantité de plâtre égale à son poids, il eût obtenu un meilleur résultat. Nous croyons que ce qui nuisait à la fertilité de ces pommiers, c'était l'absence de principes alcalins dans la nature du sol : le mélange du plâtre et de la suie en eût fourni pour plusieurs années.

Le terrain qui a reçu une quantité suffisante de noir de fumée en éprouve une amélioration sensible pendant quatre ans au moins. Cet engrais se trouve assez facilement auprès des grands centres de population, au prix de 3 fr. 50 c. l'hectolitre; celui que nous avions acheté en 1846 ne nous coûtait que 1 fr. 75 c. Malgré la durée considérable de son action, cette fumure coûterait fort cher s'il s'agissait de l'employer sur un grand nombre d'hectares (30 hectolitres suffisant à peine pour un seul) ; mais on la réserve ordinairement pour les plantes d'un grand produit, comme l'œillette et le colza. Nous recommanderons encore de l'utiliser de préférence au pied des arbres fruitiers sur sol argileux, et d'y ajouter alors des cendres ou du plâtre cru, pulvérisé.

La différence entre la valeur de la suie en plaques et celle qui reste à l'état pulvérulent est peu importante ; toutefois, la première est généralement préférée. On assure que celle qui provient d'un chauffage à la houille est supérieure aux deux précédentes.

CHAPITRE XXII.

DES TOURTEAUX.

Ces résidus de graines oléagineuses sont utilisés de deux manières, soit pour l'alimentation des bestiaux, soit comme engrais ; c'est seulement sous ce dernier rapport que nous avons à les considérer.

Ils contiennent, en général, plus de 5 pour 100 de leur poids d'azote ; c'est donc l'une des plus riches fumures sous le rapport des principes fécondants. Ils produisent leurs effets les plus puissants sur les terres sableuses, surtout lorsqu'il s'agit de la culture des plantes oléagineuses. S'il était possible de se procurer des tourteaux provenant de l'espèce que l'on doit ensemencer, on augmenterait de beaucoup la valeur de cet engrais, parce qu'on rendrait à la terre une partie des principes qui lui seront le plus utiles pour faire prospérer la nouvelle récolte. Pour les céréales, comme pour les autres plantes granifères, nous recommandons aux cultivateurs (contrairement aux prescriptions de presque tous les auteurs d'ouvrages agricoles) d'enfouir le plus tôt possible cet engrais et de ne l'employer en couverture que par exception et comme remède. D'ailleurs, indépendamment des effets toujours funestes de l'évaporation, on n'a point à redouter les inconvénients qui résultent de l'état de l'atmosphère au moment de l'éparpillement sur le sol, puisque la plupart des engrais pulvérulents employés en couverture ne produisent aucun effet si leur épandage n'est suivi d'une légère pluie.

L'usage de consacrer une partie des tourteaux à l'amélioration du sol est aujourd'hui admis et apprécié dans tous les pays : 2,500 à 3,000 kilogrammes, selon le terrain, suffisent pour 1 hectare. Cet engrais reviendrait à un prix assez élevé s'il fallait l'acheter au prix du commerce, car il en faudrait toujours pour plus de 200 francs par hectare, quelque favorables que soient les conditions d'achat, tandis que ses facultés fertilisantes n'ont guère d'effet pendant plus d'une année; mais, en général, ce sont ceux qui ont envoyé leurs graines aux huileries qui font usage de leurs résidus comme engrais, encore ne les emploient-ils qu'à bon escient, sur terres sablonneuses et pour des récoltes d'un grand produit.

CHAPITRE XXIII.

DE DIVERS ENGRAIS PROVENANT DU RÈGNE ANIMAL.

Il arrive trop souvent que les cultivateurs perdent des animaux domestiques soit de vieillesse, soit de maladie. Avec un peu de bon vouloir et de travail, ils pourraient tirer un bon parti du malheur qu'ils viennent d'éprouver ; mais cette précaution est encore assez rare dans nos campagnes. En effet, si les cultivateurs viennent à perdre un cheval, un bœuf ou une vache, on est presque toujours certain d'en retrouver le cadavre, après équarrissage, abandonné non loin de la ferme aux animaux carnivores, exhalant des miasmes putrides qui infectent la contrée, jusqu'à ce que les vers, intervenant à leur tour, aient anéanti les chairs et les détritus.

Cet animal avait cependant, même après l'enlèvement de la peau, une assez grande valeur pour les besoins de l'agriculture : les chairs pouvaient être dépecées en petits fragments ; en les saupoudrant immédiatement de cendres, de plâtre ou même de sable, on les eût distribuées plus aisément et, en les enfouissant le plus tôt possible, on en eût obtenu les effets les plus énergiques. Les détritus, comme le foie, le cœur, etc., pouvaient recevoir une préparation et une destination semblables ; les entrailles et leur contenu pouvaient s'ajouter aux composts, même aux fumiers ; enfin, les ossements, après avoir été soumis à la calcination, auraient fourni une quantité notable de noir animal : de telle sorte que ces débris d'un bœuf, d'un cheval, d'une vache même, utilisés avec discernement, pouvaient constituer une valeur égale à celle de deux voitures de fumier. L'agriculteur s'est donc privé, par son insouciance, de bénéficier d'une valeur que nous estimons à 15 francs au moins.

Quelques personnes ont craint, bien à tort, qu'en découpant des animaux morts de maladie il n'en résultât un danger. S'il en était ainsi, la fonction des équarrisseurs serait assez périlleuse, mais il est facile de voir par ceux mêmes qui exercent cette profession que ces craintes sont complétement chimériques. Aujourd'hui, ces hommes ont l'habitude de procéder eux-mêmes aux dépècements moyennant une légère augmentation de salaire ; c'est pour eux une affaire de deux heures de travail au plus. Ainsi, avec une modique somme de 1 fr. 50 c. ou 2 francs, les cultivateurs intelligents peuvent disposer d'une des plus riches fumures qu'il soit possible de trouver, tandis que les routiniers ou les insouciants ne songent même pas à tirer parti de cette puissante ressource.

Un fermier soigneux et prévoyant devrait aussi

réunir en tas les os qui proviennent des viandes de boucherie et les convertir en noir animal pendant l'hiver. L'opération est on ne peut plus facile : il suffit de brûler les os soit à son foyer, soit dans un four et de les broyer ensuite, ce qui se fera très-aisément s'il opère quand ils sont encore chauds. Si cependant, au lieu de livrer ces ossements à l'incinération, le fermier pouvait se résoudre à les hacher en fragments très-minces et à les employer ainsi dans leur état naturel, leur action dans la terre serait moins énergique sans doute que celle qui eût été produite par le noir animal, mais leur effet serait sensible pendant huit à dix années. Plus les fragments sont minces et divisés, plus l'action simultanée de la chaleur et de l'humidité décomposera facilement les tissus dont ils sont formés, plus leurs propriétés seront puissantes, mais moins durables.

Les fermiers qui habitent près des villes un peu importantes trouvent de précieuses ressources pour ajouter à leurs engrais. Aux abattoirs, ils obtiennent, avec peu de frais, le sang des animaux qui, mélangé avec quatre fois son volume de terre, constitue un compost d'un qualité supérieure; les râpures de cornes, les débris de la mégisserie, des tanneries, les bourres, les chiffons de laine, les écailles d'huîtres, de moules, etc., les plumes de toute nature qui ne peuvent plus servir à la literie, etc., toutes ces matières contiennent des quantités considérables de matières solubles et peuvent constituer des composts de premier ordre non-seulement sous le rapport de l'énergie, mais encore en ce qui concerne la durée.

Quant aux débris de poissons, c'est la plus énergique de toutes les fumures que l'on puisse trouver ; mais il est bon de ne l'utiliser que dans un compost, ou intercalée dans un tas de fumiers. Si ces débris étaient employés seuls, leurs effets seraient nuisibles à cause de la surabondance même des principes dont ils sont composés. Les fermiers voisins du littoral ne les emploient qu'avec les plus grandes précautions.

CHAPITRE XXIV.

DU SEL MARIN.

Le sel marin, ou chlorure de sodium, est celui de tous les agents de fécondation qui a soulevé le plus de controverses parmi les agronomes. On en est encore aujourd'hui à se demander s'il s'agit d'un engrais, d'un stimulant ou d'un simple amendement, même après avoir étudié tous les ouvrages qui ont été publiés à l'occasion du rôle que devait remplir le sel marin dans l'agriculture.

Quant à nous, sans méconnaître l'utilité du sel dans certaines circonstances, nous répondrons : « Ce n'est ni un engrais, ni un stimulant, ni même un amendement : c'est un condiment! » Il agit en agriculture à peu près comme dans l'alimentation de l'homme, c'est-à-dire qu'il intervient plus ou moins favorablement selon les circonstances. Il est parfois un auxiliaire puissant des engrais, comme, dans les préparations culinaires, l'emploi du sel devient une nécessité. Les Romains eux-mêmes n'étaient guère plus d'accord entre eux que nous ne le sommes sur l'opportunité de s'en servir pour l'amélioration des terres arables. Ce doute provient de ce que les diverses tentatives ont été pratiquées sous des inspirations différentes, avec une volonté distincte et parfois avec des intérêts qui n'avaient rien de favorable aux besoins de l'agriculture.

Constatons tout d'abord que les expériences, entreprises pour démontrer les propriétés du sel marin par les agronomes qui ont enrichi la France de leurs œuvres, n'ont pas été pratiquées avec le génie habituel qui distingue ces auteurs. Ainsi, un agronome qui cultive une plante pour la première fois doit chercher à savoir quel engrais pourra le mieux convenir à cette espèce ; il lui suffit de l'analyser et de voir quels principes solubles elle a le plus absorbés dans la composition de ses tiges et de ses graines. Or, si l'on avait analysé les blés, les céréales dans leur ensemble, les plantes oléagineuses et industrielles, on eût trouvé que le sel marin, ou chlorure de sodium, intervenait pour une portion tout à fait infime dans les composés de ces plantes, de 1 1/2 à 2 pour 100 au maximum. Déjà ces praticiens auraient dû se méfier de leurs théories.

Presque toutes les personnes âgées de plus de quarante ans ont eu connaissance des nombreuses récriminations des cultivateurs contre l'impôt établi sur le sel. Chacun considérait cette taxe comme un obstacle insurmontable aux progrès de l'agriculture; les journaux d'alors, pour lesquels toute plainte, quelle qu'elle fût, était une bonne chance et une sorte de subside pour leur polémique provocante, adoptèrent ces récriminations, et l'on diminua de plus de moitié l'impôt sur le sel.

Malgré cette diminution, les expériences ne pouvaient se faire sur une vaste étendue de terrain sans nécessiter des frais considérables. Quelques agronomes cependant tentèrent des expériences : MM. Philippar, Dubreuil, Fauchet et Girardin prétendirent avoir obtenu de bons résultats; mais, hâtons-nous de le dire, ce sont à peu près les seules personnes qui, en France, aient manifesté quelque satisfaction de l'emploi du sel en agriculture, et nous devons dire que l'enthousiasme de quelques-uns a été un peu amoindri depuis leurs premières tentatives.

Avant que quelques expériences isolées aient eu lieu sur le continent, une nation voisine, l'Angleterre, à laquelle personne ne conteste le génie pratique et persévérant des affaires, s'était occupée de faire en grand, et dans ses trois royaumes, les expériences les plus actives sur l'emploi du sel comme engrais. A l'aide de phrases pompeuses, de réclamations incessantes, les Anglais avaient arraché, dès 1824, au ministère, l'abolition des droits sur les salines. Nous n'avons pas besoin de dire que c'était encore au nom des intérêts de l'agriculture que l'abolition de cette taxe était réclamée. Il est évident que si l'emploi du sel eût été aussi avantageux pour l'agriculture qu'on avait bien voulu l'affirmer, la taxe ayant disparu en totalité, la production des salines aurait dû tripler le chiffre de ses exportations.

Or, c'est le contraire qui a eu lieu : aucune de ces prévisions ne s'est réalisée ; ce que l'on voulait, en Angleterre, c'était l'abolition de la taxe sur le sel ; les expériences pratiquées depuis longtemps avaient éclairé suffisamment les cultivateurs ; les ventes effectuées par les propriétaires de salines n'ont pas augmenté de plus de 25,000 tonnes depuis la suppression de l'impôt; et d'ailleurs cette augmentation s'explique très-naturellement par le gaspillage d'une denrée réduite tout d'un coup à un vil prix.

Toutefois, le ministère anglais, comprenant, un peu tard, qu'il avait été la dupe de doléances fictives, fit faire une enquête auprès des sociétés d'agriculture sur les résultats obtenus par l'abrogation de l'impôt sur le sel, espérant que, ne fût-ce que par un sentiment de gratitude, les membres des sociétés agricoles sauraient lui fournir un prétexte pour atténuer auprès des chambres le mauvais effet produit par le décret qui, à l'occasion du sel, privait le gouvernement d'une ressource annuelle de 60 millions de francs.

Les membres des sociétés furent inexorables ou ne comprirent pas.

Les rapports envoyés par M. Low, président de la Société d'agriculture de Londres ; M. Smith, de Glascow ; M. Thompson, du Devonshire ; M. Stephens, de Dundee; sir Eittledale, du comté de Cheshire ; sir Green, du pays de Galles; sir Robert Haely, de Brighton; M. Moon, du comté de Derby, et par une foule d'autres membres chargés du rapport, conclurent à l'impuissance, à l'inutilité du sel dans l'agriculture, sauf quelques circonstances spéciales que nous traiterons ultérieurement. Le ministère, assez mécontent, se garda bien de faire connaître aux chambres des rapports aussi compromettants; mais ils furent communiqués confidentiellement à l'un des membres de notre institut, en 1849, et c'est à lui que nous devons en grande partie ces renseignements.

En Belgique, le sel employé pour l'amendement des terres est également affranchi de tout droit depuis 1846; mais, là encore, l'usage de saler les champs s'est progressivement amoindri depuis cette époque et, à part des circonstances exceptionnelles, il est à peu près complétement abandonné aujourd'hui.

Sans entrer dans les innombrables controverses qui ont eu lieu sur l'opportunité de l'emploi du sel en agriculture, il nous est facile de préciser en peu de mots le chiffre des services que l'on peut en attendre : 1° il ajoute, lorsqu'il est employé en proportions convenables, à la qualité des herbes : cette assertion ne saurait être contestée en présence des résultats obtenus sur les prairies voisines du littoral; 2° il possède la propriété de rendre les plantes, qui en ont absorbé, moins sensibles aux ardeurs du soleil comme à l'humidité excessive du terrain. Là se bornent, pour les agronomes les plus sérieux, les propriétés les plus utiles du sel dans la culture des champs. Nous nous permettrons d'ajouter une troisième circonstance : son emploi dans la confection des fumiers. En général toutes les pailles imprégnées de matières salines se décomposent plus lentement non-seulement lorsqu'elles sont introduites dans le tas de fumier, mais encore quand elles doivent bonifier le terrain, bien que l'eau de mer soit beaucoup plus avantageuse que le sel en cette circonstance, parce qu'elle contient beaucoup plus de principes utiles à la végétation que le chlorure de sodium. Or, cette lenteur dans la putréfaction des fumiers, lorsqu'il s'agit de plantes annuelles, devient une richesse précieuse au moment de la floraison : le grain est plus abondant, la paille plus résistante et moins sujette à verser.

Quelques auteurs ont préconisé le sel par suite des effets qu'il produisait sur des prairies occupées par des sécheurs de morues; nous avons pu vérifier nous-même ce résultat à Bordeaux (entre la route de Talence et celle de la Teste); nous avons été tout d'abord surpris, comme tant d'autres, de la fertilité de deux masures sur sol sablo-siliceux, voisines l'une de l'autre, où sont installées deux *sécheries;* mais que les cultivateurs ne s'y trompent pas, le sel n'intervient pas dans cette fécondité à l'état pur; avant d'agir sur le terrain, ce sel avait aspiré une partie de l'azote et de l'ammoniaque des poissons avec lesquels il était resté pendant plusieurs mois en contact : c'est là surtout que nous trouverons le point de départ de sa prodigieuse efficacité et non dans son intervention à l'état pur sur un sol complétement appauvri.

Mais en admettant que le sel soit d'un faible secours comme engrais, qu'il ne soit, comme nous l'avons dit, qu'un condiment favorable à certaines plantes, ne doit-il pas au moins produire de grands avantages dans l'alimentation des animaux?

Dans deux circonstances exceptionnelles son intervention produit les meilleurs effets ; mais, à part ces deux cas, rien de ce qui a été avancé sur ses résultats prodigieux ne peut être accepté dans un ouvrage sérieux.

Lorsqu'il s'agit de fourrages avariés, ou de nourrir des moutons sur des terrains bas et humides, l'intervention du sel relève la fadeur des fourrages, ajoute un stimulant utile qui non-seulement améliore la qualité des aliments, mais peut encore préserver les animaux de certaines maladies engendrées par leur nourriture habituelle ou par l'humidité. Enfin, lorsque la nourriture ordinaire des bestiaux consiste en résidus cuits, soit de brasserie, soit de distillerie, l'adjonction du sel deviendra, pour ainsi dire, une nécessité ; il agira alors comme un condiment dont il nous est facile d'apprécier l'importance. Quant à ses prétendues facultés de favoriser la sécrétion du lait, nous ne pouvons admettre cette prétention ; les expériences pratiquées en Belgique et en Angleterre, dont l'exposé nous conduirait à une monotonie de citations fatigantes pour nos lecteurs, nous permettent d'affirmer qu'aucun résultat semblable n'a été obtenu; mais ceux qui ont ajouté quelques poignées de sel aux aliments de leurs bestiaux ont remarqué plus de vigueur, plus de santé chez ces animaux.

Dans son rapport à M. le ministre de l'agriculture, M. Milne-Edwards s'exprimait ainsi en 1850 :

« On se rappelle sans doute que, dans l'opinion de quelques écrivains dont l'autorité est souvent invoquée dans les discussions relatives à l'emploi du sel, l'action de cette matière aurait une puissance merveilleuse : ils assurent en effet qu'une livre de sel fait dix livres de graisse.

« Cependant les agronomes anglais sont depuis longtemps passés maîtres dans l'art d'élever et d'engraisser les bestiaux ; mais aucun de ceux que nous avons interrogés à ce sujet n'avait entendu parler de cette vertu singulière attribuée au sel ; plusieurs membres des sociétés agricoles du nord de l'Angleterre eurent même quelque peine à conserver leur sérieux en apprenant que des hommes graves avaient professé une pareille opinion.

« De toutes les expériences que l'on fit en Écosse, aussi bien qu'en Angleterre, sur l'emploi du sel pour l'engraissement des bestiaux, aucune influence sérieuse n'a justifié l'utilité de cette denrée. »

Comme on le voit, l'influence du sel en agriculture se réduit à un rôle bien secondaire. Nous pensons que l'expérience que les cultivateurs en pourront faire complétera et justifiera ces renseignements, et nous fera regretter moins vivement le maintien d'une modique taxe sur la consommation du sel.

FIN.

TABLE

DES MATIÈRES.

BOURGES, IMP. DE E. PIGELET.

www.ingramcontent.com/pod-product-compliance
Ingram Content Group UK Ltd.
Pitfield, Milton Keynes, MK11 3LW, UK
UKHW020913180726
13838UKWH00002B/514

9 782329 370712